岩瀬徹・飯島和子 著

[新版]
形とくらしの
雑草図鑑
見分ける、身近な300種

全国農村教育協会

私は長年、身近にある雑草とつき合ってきました。つき合いながら、雑草の生き方を通して自然観察の手がかりが得られる、と考えるようになりました。その考えをベースにして、これまでに仲間とともに作ってきたのが「校庭の雑草」や「雑草博士入門」などの本です。

　野外で雑草たちの形をよく見よう、そのくらしを考えよう、そして正しい名前に近づこうというのがこれらの本の流れです。初めに名前ありき、名前を知れば終わり、ではないというのが基本にあります。本書もまったくその流れの中にありますが、観察図鑑としての色合いがより濃くなっています。

　ほかの多くの図鑑と異なるのは、植物の特徴を説明を読んで知るというより、写真を見て知ることができるようにくふうしたことです。

　はじめて雑草に向き合う人の目線で、ルーペやカメラがさまざまな角度から雑草の形とくらしに迫りました。それで得た写真や資料からは、私たちにとっても改めて驚かされることが多々ありました。形や構造の妙には美しさを覚えるものもありました。それらをできるだけページの中に表現するよう努めました。それは**植物観察に経験を積んだ人**にも、再発見の面白さを感じとってもらえるものと考えます。

　本文での種（種類）の解説とともに、主要な科（グループ分けの単位）についてその特徴を写真によって表現をしました。種どうしを比較するときの助けになると思います。

　雑草というと、厄介者、排除すべきものという意識が根強くありますが、数千年以上も前から農耕の歴史とともに歩んできた、人と最もかかわりの深い植物です。人が育んできた草ともいえるものです。自然を構成する大切な一員でもあります。もちろん除去したり制御したりの必要も出ますが、利用できる面も多々あります。いま雑草の研究は多様な角度から行われています。

　いずれにしても、人は雑草とよいつき合いをしていくことが求められます。よいつき合いのためには相手のことをよく知らなければなりません。本書が、雑草に親しみそれを通して自然を理解することの一助になればと願っています。

　本書の企画・制作にあたっては全国農村教育協会のスタッフの方々に大変お世話になりました。とくに大野透さんには、写真撮影や編集の上で長期間にわたり尽力していただいたことに感謝しています。その他ご協力いただいた方々のお名前は巻末に記しお礼に代えさせていただきます。

2007年9月　岩瀬　徹

新版発行にあたり

　初版発行以降も、雑草の種類に少しずつ変化が見られます。今回の新版発行にあたり、雑草の種類を約20種類追加しました。旧版に掲載されていた雑草についても一部の記述や写真をわかりやすくしました。追加あるいは差替えた写真は百数十点になります。科名はAPG分類によって一部修正しました。それにともない、科の特徴の項も見直しています。

　また、巻末には雑草の生活型について記しました。生活型とは"形とくらし"を類型化したもので、観察を深めるためにも有効と考えます。

2016年3月　岩瀬　徹、飯島和子

カゼクサ

目　次

掲載種一覧 …………………………………………… 4

形とくらしの雑草図鑑 見分ける、身近な300種 ………… 7
コラム：ひっつく実/78、新しい分類でユリ科の植物はどうなったの？/152、雑草と帰化植物/198、単葉か？複葉か？/219

主な科の特徴 ………………………………………… 200

略解　植物用語 ……………………………………… 217

雑草の生活型(せいかつけい) ………………………………………… 224

学名索引・和名索引 ………………………………… 232

本書を利用される前に

● 街なか、人里、畑の周辺など身近なところに普通に見られる雑草約300種を取り上げた（水田や湿地を除く）。関連して、野草の範疇といえるものも若干取り上げている。雑草には外来性のものが多いが、近年その消長の激しい面がある。その現状を考慮しながら種の選択を行ったが、地域によっては必ずしも十分とはいえない。

● 本文では、種ごとに、全体の形、茎や葉、花や果実、群生するようすなどを写真で表現し、説明で補うようにした。特徴的な部分はクローズアップして詳しい構造を表現した。

● 和名はすべてカタカナで表記されるが、その名前の意味や語源などをわかる範囲で述べた。

● 科名・学名は原則として邑田・米倉「日本維管束植物目録」（2012）によった。

● 変更のあった科名は参考までに従来の科名を小さく併記した。

● 写真は主に関東地方で撮影し、適宜その撮影月を記した。関東以外の場合はその県名を表示した。

● 本書で取り上げている主な科について、それぞれの特徴を写真によって解説した。科によっては特有の用語が用いられるが、それについては該当のところで解説した。

● 本文に出てくる用語については、図解用語のページを設けて理解できるようにした。図解や写真では解説しきれない用語については、別に文による解説ページを設けた。

● 巻末に雑草の生活型に関することをまとめた。

3

掲載種一覧

科名はAPG分類（邑田・米倉,2012,
北隆館）による。科名の〈 〉内の
数字は科の特徴の解説ページを示す。

●トクサ科
スギナ……………………… 8
イヌスギナ………………… 9
イヌドクサ………………… 9

●クワ科
クワクサ…………………… 10

●タデ科〈200〉
イタドリ…………………… 12
オオイタドリ……………… 13
スイバ……………………… 14
ヒメスイバ………………… 15
ナガバギシギシ…………… 16
ギシギシ…………………… 16
エゾノギシギシ…………… 17
アレチギシギシ…………… 18
ミチヤナギ………………… 19
イヌタデ…………………… 20
オオイヌタデ……………… 21
オオケタデ………………… 21
ツルドクダミ……………… 22
ヒメツルソバ……………… 22

●ベンケイソウ科
コモチマンネングサ……… 23
オカタイトゴメ…………… 23

●ナデシコ科〈201〉
コハコベ…………………… 24
ミドリハコベ……………… 24
ウシハコベ………………… 25
イヌコハコベ……………… 25
ノミノフスマ……………… 26
ノミノツヅリ……………… 26
オランダミミナグサ……… 27
ミミナグサ………………… 27
ツメクサ…………………… 28

●スベリヒユ科
スベリヒユ………………… 29

●ヤマゴボウ科
ヨウシュヤマゴボウ……… 30

●ヒユ科〈202,203〉
アリタソウ………………… 31
ゴウシュウアリタソウ…… 31
シロザ……………………… 32
コアカザ…………………… 33
アカザ……………………… 33
ヒナタイノコズチ………… 34
イノコズチ
（ヒカゲイノコズチ）……… 34
ホナガイヌビユ
（アオビユ）……………… 35
ハリビユ…………………… 35
イヌビユ …………………… 35
ホソアオゲイトウ………… 36
アオゲイトウ……………… 36

●アブラナ科〈204〉
ナズナ……………………… 37
シロイヌナズナ…………… 38
イヌナズナ………………… 38
カラクサナズナ…………… 39
ショカツサイ……………… 39
マメグンバイナズナ……… 40
グンバイナズナ…………… 40
タネツケバナ……………… 41
ミチタネツケバナ………… 41
イヌガラシ………………… 42
スカシタゴボウ…………… 42
カキネガラシ……………… 43
イヌカキネガラシ………… 43
カラシナ…………………… 44
セイヨウアブラナ………… 44
ハルザキヤマガラシ……… 45

●ケシ科
ナガミヒナゲシ…………… 46
タケニグサ………………… 47

●ドクダミ科
ドクダミ…………………… 48

●バラ科
ヘビイチゴ………………… 49

ヤブヘビイチゴ…………… 49

●マメ科〈205〉
ヤハズソウ………………… 50
マルバヤハズソウ………… 50
メドハギ…………………… 51
ハイメドハギ……………… 51
ミヤコグサ………………… 52
セイヨウミヤコグサ……… 52
コメツブツメクサ………… 53
クスダマツメクサ………… 53
シロツメクサ……………… 54
アカツメクサ……………… 55
カラスノエンドウ………… 56
スズメノエンドウ………… 57
カスマグサ………………… 57
ツルマメ…………………… 58
ヤブマメ…………………… 58
クズ………………………… 59
アレチヌスビトハギ……… 60
ヌスビトハギ……………… 60
シナガワハギ……………… 60
シロバナシナガワハギ…… 60
コメツブウマゴヤシ……… 61
ウマゴヤシ………………… 61
コウマゴヤシ……………… 61

●アサ科
カナムグラ………………… 62

●ブドウ科
ヤブガラシ………………… 63

●トウダイグサ科〈206〉
エノキグサ………………… 11
コニシキソウ……………… 64
ニシキソウ………………… 64
オオニシキソウ…………… 65
シマニシキソウ…………… 65
トウダイグサ……………… 66

●コミカンソウ科
コミカンソウ……………… 67
ナガエコミカンソウ
（ブラジルコミカンソウ）… 67

- ●フウロソウ科
    - アメリカフウロ………… 68
- ●カタバミ科〈206〉
    - イモカタバミ…………… 69
    - ムラサキカタバミ……… 69
    - オッタチカタバミ……… 70
    - カタバミ………………… 71
    - アカカタバミ…………… 71
- ●アカバナ科〈207〉
    - メマツヨイグサ………… 72
    - コマツヨイグサ………… 73
    - オオマツヨイグサ……… 74
    - マツヨイグサ…………… 74
    - ヒルザキツキミソウ…… 75
    - ユウゲショウ…………… 75
- ●ウリ科
    - カラスウリ……………… 76
    - アレチウリ……………… 77
- ●セリ科〈207〉
    - マツバゼリ……………… 78
    - ヤブジラミ……………… 79
    - オヤブジラミ…………… 79
- ●ウコギ科
    - チドメグサ……………… 80
    - オオチドメ……………… 80
- ●クマツヅラ科
    - ヤナギハナガサ………… 81
    - ダキバアレチハナガサ… 81
    - アレチハナガサ………… 81
- ●アカネ科〈208〉
    - ヤエムグラ……………… 82
    - アカネ…………………… 83
    - オオフタバムグラ……… 84
    - ハナヤエムグラ………… 84
    - ヘクソカズラ…………… 86
- ●サクラソウ科
    - コナスビ………………… 85
    - ルリハコベ……………… 85
- ●キョウチクトウ科
    - ガガイモ………………… 87

- ●ヒルガオ科〈209〉
    - ヒルガオ………………… 88
    - コヒルガオ……………… 88
    - マメアサガオ…………… 89
    - ホシアサガオ…………… 89
    - セイヨウヒルガオ……… 90
    - マルバルコウ…………… 90
    - マルバアサガオ………… 90
    - ノアサガオ……………… 90
- ●シソ科〈210〉
    - カキドオシ……………… 91
    - ヒメオドリコソウ……… 92
    - オドリコソウ…………… 92
    - ホトケノザ……………… 93
- ●ナス科〈209〉
    - イヌホオズキ…………… 94
    - アメリカイヌホオズキ… 94
    - ワルナスビ……………… 95
- ●サギゴケ科
    - トキワハゼ……………… 96
    - ムラサキサギゴケ……… 96
- ●ゴマノハグサ科
    - ビロードモウズイカ…… 97
- ●オオバコ科〈211〉
    - オオイヌノフグリ……… 98
    - イヌノフグリ…………… 98
    - タチイヌノフグリ……… 99
    - フラサバソウ…………… 99
    - ムシクサ………………… 100
    - コゴメイヌノフグリ…… 100
    - マツバウンラン………… 101
    - ツタバウンラン………… 101
    - オオバコ………………… 102
    - ヘラオオバコ…………… 103
    - ツボミオオバコ………… 104
    - エゾオオバコ…………… 104
- ●ムラサキ科
    - キュウリグサ…………… 105
    - ハナイバナ……………… 105

- ●キツネノマゴ科〈210〉
    - キツネノマゴ…………… 106
- ●スイカズラ科
    - ノヂシャ………………… 106
- ●キキョウ科
    - キキョウソウ…………… 107
    - ヒナキキョウソウ……… 107
- ●キク科〈212〉
    - ヨモギ…………………… 108
    - ヤマヨモギ……………… 109
    - ブタクサ………………… 110
    - オオブタクサ…………… 111
    - オオオナモミ…………… 112
    - イガオナモミ…………… 113
    - オナモミ………………… 113
    - ホウキギク……………… 114
    - オオホウキギク………… 114
    - ヒロハホウキギク……… 114
    - トキンソウ……………… 115
    - メリケントキンソウ…… 115
    - タカサブロウ…………… 116
    - アメリカタカサブロウ… 116
    - ハキダメギク…………… 117
    - ノコンギク……………… 118
    - カントウヨメナ………… 119
    - ヨメナ　………………… 119
    - アメリカセンダングサ… 120

キキョウソウ

コセンダングサ…………… 121
シロバナセンダングサ… 121
オオバナノセンダングサ… 121
センダングサ…………… 122
コバノセンダングサ…… 122
ベニバナボロギク……… 123
ダンドボロギク………… 123
ノボロギク……………… 124
ナルトサワギク………… 125
オオキンケイギク……… 125
オオハンゴンソウ……… 126
ハンゴンソウ…………… 126
キクイモ………………… 127
ハルジオン……………… 128
ヒメジョオン…………… 129
ヘラバヒメジョオン…… 130
アレチノギク…………… 131
オオアレチノギク……… 132
ヒメムカシヨモギ……… 133
ハハコグサ……………… 134
チチコグサ……………… 134
ウラジロチチコグサ…… 135
チチコグサモドキ……… 136
タチチチコグサ………… 136
コウゾリナ……………… 137
ノゲシ…………………… 138
オニノゲシ……………… 139
アキノノゲシ…………… 140
トゲチシャ……………… 141
セイタカアワダチソウ… 142
オオアワダチソウ……… 143
ブタナ…………………… 144
セイヨウタンポポ……… 145
カントウタンポポ……… 146
カンサイタンポポ……… 146
トウカイタンポポ……… 146
エゾタンポポ…………… 147
シロバナタンポポ……… 147
コウリンタンポポ……… 147
ジシバリ………………… 148
オオジシバリ…………… 148

オニタビラコ…………… 149
ヤブタビラコ…………… 150
タビラコ
（コオニタビラコ）……… 150
コシカギク……………… 151
マメカミツレ…………… 151
●ユリ科〈213〉
タカサゴユリ…………… 152
●キジカクシ科
ツルボ…………………… 153
●ヒガンバナ科
ノビル…………………… 154
ヒガンバナ……………… 155
●アヤメ科〈214〉
ニワゼキショウ………… 156
オオニワゼキショウ…… 157
ルリニワゼキショウ…… 157
●ツユクサ科〈214〉
ツユクサ………………… 158
マルバツユクサ………… 159
トキワツユクサ………… 159
●イグサ科〈213〉
クサイ…………………… 160
スズメノヤリ…………… 161
●イネ科〈215〉
スズメノカタビラ……… 162
ツルスズメノカタビラ… 162
スズメノテッポウ……… 163
オオスズメノカタビラ… 164
ハルガヤ………………… 164
オヒシバ………………… 165
メヒシバ………………… 166
アキメヒシバ…………… 167
コメヒシバ……………… 167
エノコログサ…………… 168
アキノエノコログサ…… 169
オオエノコロ…………… 169
キンエノコロ…………… 170
コツブキンエノコロ…… 170
イヌビエ………………… 171
イヌムギ………………… 172

ヒゲナガスズメノチャヒキ 173
ネズミムギ……………… 174
ホソムギ………………… 174
カモジグサ……………… 175
アオカモジグサ………… 175
ニワホコリ……………… 176
コスズメガヤ…………… 176
シナダレスズメガヤ…… 177
オオクサキビ…………… 177
カゼクサ………………… 178
チカラシバ……………… 179
ススキ…………………… 180
オギ……………………… 181
セイバンモロコシ……… 182
チガヤ…………………… 183
シバ……………………… 184
ギョウギシバ…………… 185
カモガヤ………………… 186
オオアワガエリ………… 186
ヒメコバンソウ………… 187
コバンソウ……………… 187
シマスズメノヒエ……… 188
アメリカスズメノヒエ… 189
キシュウスズメノヒエ… 189
オニウシノケグサ……… 190
ヒロハウシノケグサ…… 190
コヌカグサ……………… 191
ナギナタガヤ…………… 191
カラスムギ……………… 192
ムギクサ………………… 192
メリケンカルカヤ……… 193
コブナグサ……………… 193
●カヤツリグサ科〈216〉
カヤツリグサ…………… 194
コゴメガヤツリ………… 194
ハマスゲ………………… 195
ヒメクグ………………… 196
●ラン科
ネジバナ………………… 197

6

形とくらしの雑草図鑑
見分ける、身近な300種

冬のホトケノザ

スギナ (トクサ科)
Equisetum arvense

多年生のシダ植物。荒れ地、造成地、土手の斜面などに生育。地下茎が長くはい、その節々から芽を出して増える。ときどき大群生する。春、早く出るツクシ（土筆）はスギナの胞子茎で、この頭（胞子嚢穂）には多数の胞子嚢がつき胞子が散る。和名は杉菜の意味。

胞子嚢床
胞子嚢
胞子嚢穂

胞子は4本の弾糸をもち、乾くとのびて胞子を弾き出す

胞子茎と栄養茎は地下でつながる。ツクシのはかまというのはさや状の葉のこと［5月、長野］

空き地に群生するスギナの栄養茎

葉
葉はごく小形のさや状

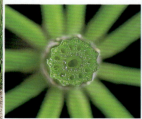

茎（主軸）の断面。中空で枝が輪生

イヌスギナ（トクサ科）

Equisetum palustre

多年生のシダ植物。湿った荒れ地、休耕田などに群生する。スギナに似るが主軸がよりはっきりし全体が円錐形。関西以西には少ない。和名は犬杉菜の意味。

枝は長く、やや湾曲する。5〜6月、胞子嚢穂は主軸の先端につく

湿地の周りの芝生に
侵入したイヌスギナ

湿地の周りに群生する。綿毛のある穂は混生するチガヤ［4月］

イヌドクサ（トクサ科）

Equisetum ramosissimum var. *ramosissimum*

多年生のシダ植物。河原、砂地の空き地などに生育。土とともに持ち込まれ植え込みの中などに群生することもある。和名は犬砥草の意味。

胞子嚢穂は主軸の先端につく。高さ数10cmときには1m以上にも［6〜7月］

枝を分けない茎もある

堤防に群生するイヌドクサ
［9月、岐阜］

9

クワクサ (クワ科)

Fatoua villosa

1年草。林縁、空き地、畑やその周り、道ばたなどに生育。春から秋まで何回か芽ばえて成長する。葉には粗い鋸歯があり、形がクワの葉に似るというので桑草とついた。エノキグサにも似るが、花序の基部に苞葉がないので区別できる。

成長初期の形

クワの葉

クワクサの葉。両面に短毛がありざらつく

茎は直立、枝を分ける。高さ20〜60cm［8月］

雌花 がく片4で開かない。1個の柱頭がわきから出る

雄花 がく片4、雄しべ4。白い花糸が初め巻き、のちにのびる

果実 中に種子が1個

花序 花期8〜10月。短い柄に雄花と雌花が密につく

芽生え〔6月〕

エノキグサ（トウダイグサ科）
Acalypha australis

1年草。林縁、畑やその周り、空き地、道ばたなどに生育。クワ科のクワクサと似た感じもあるが、花序の基部に大きな総苞があり、また雄花の花序は長いので区別される。葉がエノキに似るというので榎草とした。また総苞のようすからアミガサソウの別名がある。

エノキの葉

エノキグサの葉

茎は下部からよく枝を出す〔9月〕

雄花序
雌花
総苞

花序　花期7〜10月

雄花序　がく4裂、雄しべ8

雌花　がく3裂、柱頭3、子房3室

果実　がくが裂け果実が現れる

11

イタドリ（タデ科）

Fallopia japonica var. *japonica*

大形の多年草。荒れ地、林縁、土手の斜面、堤防沿いなどに広く生育。ときどき大群生する。太い地下茎をのばし盛んに増える。春地上に芽を出し、茎が急速に成長する。高さ1〜1.5m。秋には枯れる。若い芽をかじると酸っぱいというのでスカンポと呼ぶ地方もある。

堤防沿いに群生するようす〔5月〕

茎は直立し、途中から枝を出す。葉は互生。茎は中空〔5月〕

葉は互生、基部は切形（せっけい）
托葉鞘は膜質、早く落ちる

花期7〜10月。雌雄異株だが、はっきり区別できないこともある
←雄花序 がくは5裂、雄しべ5
←雌花（雄しべの発達しない両性花）

地下茎からの芽の伸長
〔5月、長野〕

果実→
がくが発達して果実を包む翼になる

道沿いに群生したようす。茎は中空〔7月、北海道〕

オオイタドリ（タデ科）

Fallopia sachalinensis

大形の多年草。本州北部や北海道に分布し、林縁、原野、空き地、道ばたなどに群生する。地下茎は太くて長くよく分枝する。茎も太く長大で、弓なりに曲がってのびる。高さはときに2～3mに達する。秋には枯れる。

葉は互生、基部はイタドリと違い心形。裏面は粉白色

↓托葉鞘は膜質、早く落ちる

托葉鞘

果実　がく片3個が発達して翼になる　　雄花序　がくは5裂

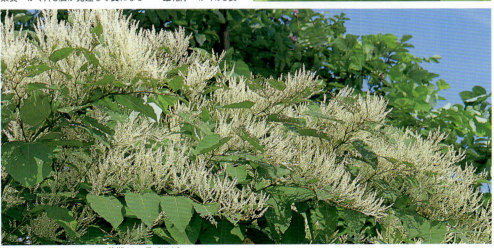

花序をつけたオオイタドリ。花期8～9月〔福島〕

スイバ (タデ科)
Rumex acetosa

多年草。野原、土手の斜面、田畑の周り、空き地などに生育。地下に太くて短い茎をもち、地表に根生葉を密に出してロゼットをつくる。ロゼットは常緑性。若い茎を噛むと酸っぱいことから酸い葉の名がついた。別名スカンポも同じ意味であろう。

冬越しのロゼット
[4月]

根生葉の基部は矢じり形

茎は高さ40〜90cm。縦のすじが目立つ。花期4〜6月、雌雄異株。茎の葉は小形で上部の葉の基部は茎を抱く

雄花序
雄花はがく片6、
雄しべ6

雌花序
雌花はがく片6、
雌しべ1、
柱頭は赤い房状

果実
内側の3個のがく片は翼状になり果実を包む

土手に群生するスイバ [5月]

ヒメスイバ (タデ科)

Rumex acetosella

多年草。明治初年に渡来した帰化植物。荒れ地、牧草地、芝地、造成地、道ばたなどに生育。ときに大群生する。地下茎を横に長くのばし繁殖する。夏から秋にかけ新たにロゼットをつくる。全体がスイバより小形なので姫酸い葉とした。

冬越しするロゼット［10月］

茎は細く、高さ20～50cm。花期5～8月、雌雄異株で写真は雄株。茎の葉は小形で矢じり形

地下茎が横走し株を増やす

根生葉はほこ形、基部が耳のように張り出る

雄花序
がく片6、
雄しべ6

雌花序
がく片6、雌しべ1。
柱頭はスイバに似る

果実
果実を包む翼は大きくならない

群生するヒメスイバの雌株

15

ナガバギシギシ (タデ科)

Rumex crispus

多年草。明治年間に渡来した帰化植物。荒れ地や空き地、田畑の周辺、道ばたなどに普通に生育。太い根を下ろし、根生葉の密生したロゼットをつくる。和名は長葉ギシギシだがギシギシの意味ははっきりしない。在来種とされるギシギシはこれに似るが、近年少ない。

ロゼットは大形になる　根生葉の縁は縮んで波打つ［5月］

茎は直立、高さ80〜120cm。河川敷や荒れ地に群生する［5月］

翼の縁に歯はない

粒状突起は3個で不揃い

ナガバギシギシの果実　内側のがく片は翼状になって果実を包む

花序　花期5〜9月。両性花でがく片6、雄しべ6

粒状突起
翼
本当の果実

ナガバギシギシの果実の横断面

● **ギシギシ**　果実の翼に低い歯、粒状突起3個で同大［6月］

エゾノギシギシ（タデ科）

Rumex obtusifolius

多年草。明治年間に渡来した帰化植物。荒れ地、牧草地、果樹園、芝地、道ばたなどに広く生育。特に北の地方や高原などに多く、ときに大群生する。ロゼットは常緑性。ギシギシ類はときどき雑種を作り中間的な形を示すものがある。和名は蝦夷のギシギシの意味。

ロゼットは大形になる。根生葉は大きくて幅広く基部は深い心形、縁は細かく縮れる。中央の脈は赤みを帯びる［5月、長野］

花序　花期5〜8月。両性花でがく片6、雄しべ6。柱頭は毛房状

↓果実
内側のがく片は翼となる。翼の縁にはとげ状の歯が目立つ。粒状突起は1個

茎は高さ60〜120cm。葉は柄が短い［5月］

エゾノギシギシとナガバギシギシの中間のような果実［6月］
翼に歯が目立ち、粒状突起は3個

休耕畑に群生するようす［6月、山形］

17

アレチギシギシ (タデ科)

Rumex conglomeratus

多年草。明治年間後期に渡来した帰化植物。荒れ地、空き地、田畑の周辺、道ばたなどに広く生育。ロゼットは常緑性、主根は太く長い。和名は荒れ地ギシギシの意味。

花序　花期5〜7月。
枝がまばらに開出する。
花は小形

果実
翼は小形で目立たない。
粒状突起は3個で同大

茎は高さ50〜100cm。上部はやや屈曲する［5月］

ロゼット。根生葉は赤みを帯びる、幅4〜7cm。
基部は浅い心形［4月］

エゾノギシギシとアレチギシギシの中間の形をもつもの［6月、山形］。
全体はエゾノギシギシだが花序はアレチギシギシの特徴を帯びる

ミチヤナギ (タデ科)

Polygonum aviculare subsp. *aviculare*

1年草。空き地、畑の周り、芝地、グラウンド、道ばたなどに広く生育。農道などに帯状に群生するのを見る。茎は下部からよく枝分かれし、丈夫で踏みつけにも強い。葉の形がヤナギに似るというので道柳としたがヤナギの類ではない。別名ニワヤナギ。

花期5〜9月。がく5裂、雄しべ6〜8、雌しべ1、花柱3

果実 表面に微細なしわ

托葉鞘は膜状、上部は深く切れ込んだ形

茎は低く広がり、高さ10〜30cm。葉は互生

芽生え〔5月〕

農道沿いなどに群生する〔7月〕

成長初期の形〔5月〕

イヌタデ(タデ科)
Persicaria longiseta

1年草。田のあぜ、休閑畑、空き地、道ばたなどに広く生育。春から秋まで芽生え成長するが秋の花穂のときがよく目立つ(アカマンマという)。犬蓼は利用されないタデという意味。秋の田に生えるヤナギタデはマタデとかホンタデと呼ばれ芽生えを食用にする。

芽生え〔5月〕

托葉鞘
縁に長い毛

農道わきに群生したようす〔10月〕

幼形　茎は根ぎわで枝を出し、低くのびる

果実

花期7〜10月。がくは5深裂、雄しべ8内外、雌しべ1で花柱3

● ヤナギタデ　葉をかむと辛い。左下は市販の芽生え(刺身などのつま)

花期6〜10月

芽生えの形 [5月]

托葉鞘
縁は
無毛

↓がくは5裂、
雄しべ6、花柱2

茎の節が目立ってふくれる

オオイヌタデ(タデ科)

Persicaria lapathifolia var. *lapathifolia*

1年草。やや湿った荒れ地、川べり、畑の周り、道ばたなどに生育。茎・葉ともに大形、高さ60〜150cm。和名は大犬蓼の意味。

空き地に群生することが多い。葉は20〜30対の葉脈がはっきりしている [7月]

オオケタデ(タデ科)

Persicaria orientalis

1年草。外来種で観賞用に栽培され、空き地や荒れ地などに野生化している。高さ1.5mになる。全体に毛が密生。和名は大毛蓼の意味。

↑茎は直立、上部で枝を分ける　　托葉鞘

花期8〜10月。がくは5裂、雄しべ8、雌しべ1で花柱2

21

ツルドクダミ (タデ科)

Fallopia multiflora

つる性の多年草。江戸時代に薬用として導入したのが始まりという。植え込み、フェンス沿い、空き地などに生育。葉がドクダミに似るというのでついた名だがドクダミ類ではない。

つるは長くのびる [10月]

果実 3稜形、がくが翼状になって包む [10月]

花期8〜10月。がくは5裂、雄しべ8、雌しべ1で花柱3

托葉鞘は膜質、筒状

ヒメツルソバ (タデ科)

Persicaria capitata

多年草。観賞用に導入されたが野生化し、街なかの空き地、道ばたなどに増えている。暖地ではほぼ周年花が見られる。和名は姫蔓蕎麦の意味。

花序 花期は主に春から秋。花序は球形、がくは5裂

茎は地面をはい、よく枝分かれする。茎には赤褐色の毛が密生、葉に紫色で山形の斑紋 [10月]

むかごからの芽生え［4月］

コモチマンネングサ（ベンケイソウ科）
Sedum bulbiferum

越年草。街なかの空き地や道ばた、田のあぜ、畑の周りなどに生育。茎は根ぎわから多く分かれ、下部は地をはい上部は立ってむらがる。全体が多肉質。この仲間は長持ちしそうに見えて万年草といった。葉腋にむかご（珠芽）をつくるので子持ちとした。

花期4〜6月。がく、花弁5、雄しべ10で基部で合着。種子はできない

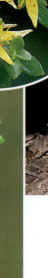
―― むかご

むかごは少数の葉をもつ。落ちて越冬する［5月］

茎は高さ10〜15cm。葉は下部対生、上部互生［4月］

オカタイトゴメ（ベンケイソウ科）
Sedum sp.

越年草あるいはやや多年草。帰化植物で、近年市街地の道ばた、空き地などに増えている。この類は分類上の位置づけがまだはっきりしない。タイトゴメ（大唐米）は海岸岩場などに生える。

花期 5〜7月

全体が小形、青緑色を帯びる多肉質の葉が密集する［10月］

23

コハコベ（ハコベ）（ナデシコ科）

Stellaria media

越年草または1年草。畑、空き地、道ばたなどに広く生育。コハコベがミドリハコベと区別されたのは大正年間といわれ、帰化植物とされる。

茎は枝を分け低く広がる。赤みを帯びるものが多い [3月]

花期2〜5月ときには秋。花弁5で深く2裂、雄しべ1〜7、雌しべ1で柱頭は3

葉は対生。茎の片側に短毛の列

コハコベの果実。写真は果皮の一部を切除したもの

ミドリハコベ（ハコベ）（ナデシコ科）

Stellaria neglecta

越年草または1年草。畑や植え込みの周り、道ばたなどに生育。コハコベより大形。古くからの春の七草はこれであろう。コハコベと併せてハコベとすることも。

茎はやや立ち上がり、高さ10〜30cm。赤みを帯びない

葉は対生、コハコベより大きい

花期2〜6月ときには秋。雄しべ5〜10、雌しべ1で柱頭は3

ミドリハコベの果実

ウシハコベ (ナデシコ科)

Stellaria aquatica

越年草または1年草。林縁、畑の周り、空き地、道ばたなどに広く生育。年間を通じて発芽、成長を繰り返す。ハコベより大形なので牛とついた。

成長初期

葉は対生、下部の葉は長い柄があり、上部の葉は無柄

茎は枝分かれしむらがって立つ［5月］

ウシハコベの果実

花期2〜6月ときに秋。雄しべ10、雌しべ1で柱頭は5

■ハコベ類の種子の比較■

コハコベ
表面の突起は鈍い

ミドリハコベ
表面の突起はとがる

ウシハコベ
表面の突起は低い

イヌコハコベ
径1mmほど。
表面にいぼ状の突起

イヌコハコベ (ナデシコ科)

Stellaria pallida

1年草。1970年代に帰化が確認された。街なかの空き地や道ばたなどに生育。形はコハコベに似るがより小形で株も小さい。

花期3〜5月。花弁はなくがく片の下部に赤い斑紋がある。茎の分岐する位置にとげ状のものがある。花茎の変形と思われる。

ノミノフスマ（ナデシコ科）

Stellaria uliginosa var.*undulata*

越年草ときに1年草。冬の田の中やあぜ、空き地、道ばたなどに生育。和名は蚤の衾。ふすま（衾）は夜具のこと、小さい葉の集まるようすを蚤の夜具にたとえた。

茎は多く枝分かれしてむらがる。無毛［4月、長野］

葉は対生、細くて先はとがる

花期3～9月。花弁5で各2深裂、雄しべ5～7

ノミノツヅリ（ナデシコ科）

Arenaria serpyllifolia var.*serpyllifolia*

越年草ときに1年草。畑、街なかの空き地や道ばたなどに広く生育。ツヅリは綴り合わせた衣のことで、細かい葉の集まるようすを蚤の衣にたとえた。

葉は対生、小さい卵形。全体に細かい毛がある［5月］

茎は根もとからよく分かれる［5月］

花期3～7月。花弁5個でがくより短い。雄しべ10

果実 熟すと先が割れ種子を出す。写真は果皮の一部を切除したもの

オランダミミナグサ (ナデシコ科)

Cerastium glomeratum

越年草または1年草。明治年間に渡来した帰化植物。田畑やその周り、空き地、芝地、道ばたなどに広く生育。茎は枝分かれし低くむらがる。高さ15〜50cm。ミミナグサは葉の形から耳菜草の意味か。

秋の終わりから春先に発芽する

果実と種子。写真は果皮とがくの一部を切除したもの

がくの腺毛

全体が軟毛におおわれる。茎に腺毛もありやや粘つく [4月、長野]

花期3〜5月。花柄はがく片と同じ長さ。花は晴れた日中開く

ミミナグサ (ナデシコ科)

Cerastium fontanum subsp. *vurgale* var. *angustifolium*

在来種。越年草または1年草。畑や空き地に生育するが少ない。オランダミミナグサにくらべ葉は濃緑色でやや細く先はとがる。

ミミナグサは花がややまばら。花柄はがく片より長い

ミミナグサの花

茎は多く枝分かれし低く広がる。毛は少ない [5月]

27

ツメクサ (ナデシコ科)
Sagina japonica

1年草または越年草。畑の周り、空き地、庭、芝地、道ばたなどに普通に生育。茎は多くの枝を分け高さ20～30cmになるが、路上のすき間にごく小形になって生えるものも見られる。葉は細い線形で、先がとがるので鳥の爪にたとえて爪草とした。

成長の初期

花期4～7月。花柄やがくに腺毛がありやや粘つく [5月]

果実 種子に細かい突起

葉は対生、やや肉質、基部で左右がつながる

↓がく5、花弁5、雄しべ5～10、雌しべ1で柱頭5

腺毛

歩道のすき間のツメクサ

芽生え

スベリヒユ (スベリヒユ科)

Portulaca oleracea

1年草。日当たりのよい空き地、庭、道ばた、畑などに生育。春から芽生え夏の日を浴びて成長する。茎や葉は多肉でつやがある。全体に赤みを帯びるものもある。茹でて食用にされたが、ぬるぬるするので滑り莧とした。

花期7〜9月。晴れた午前中に開く。がく片2、花弁5、雄しべ7〜12、雌しべ1で柱頭5

茎は盛んに枝分かれし低くむらがる [8月]

果実　熟すとふたがとれ種子が出る

畑に群生するようす [8月]

ヨウシュヤマゴボウ (ヤマゴボウ科)

Phytolacca americana

多年草。明治年間に渡来した帰化植物。荒れ地、街なかの空き地や道ばた、林縁などに生育。伐採跡などに群生することもある。根は太くて肉質。春地上に現れ大きく成長し高さ1〜1.5mになる。洋種山牛蒡の意味だが食べられない。別名アメリカヤマゴボウ。

茎は上部で枝を広げる。
全体無毛 [8月]

茎の縦断→
髄には膜質のしきりが並ぶ

成長の初期

花期7〜9月。
葉腋から長い枝を出し花序をつける

花
がく片5、雄しべ10、雌しべ1

若い果実
10室、それぞれに1種子

熟した果実
中の種子は大きくて黒い。食べられない

アリタソウ（ヒユ科／アカザ科）

Dysphania ambrosioides

1年草。明治初期に渡来したとみられる帰化植物。畑やその周り、空き地、道ばたなどに生育。嗅ぐと強い臭いがある。全体に毛の多いものをケアリタソウということもある。アリタソウは有田草ではないという。

茎は直立、多くの枝を出す。葉は互生で不揃いな鋸歯がある。高さ50～100cm［7月］

両性花と雌花がある

花序をつけた枝。花期7～10月

ゴウシュウアリタソウ（ヒユ科／アカザ科）

Dysphania pumilio

小柄な1年草。昭和の初期の渡来と考えられる帰化植物。畑の中やその周り、空き地などに偶発的に生育。特異な臭いがある。原産地はオーストラリアで豪州アリタソウの意味。

茎は根ぎわから枝を分け低く広がり、のちに立ち上がる

花期6～9月

葉は小形、縁に粗い歯。短毛が生える

シロザ（ヒユ科／アカザ科）
Chenopodium album var.*album*

1年草。畑の周り、荒れ地、造成地、道ばたなどに生育。休耕初期の畑に群生することがある。春に発芽、夏にかけて急速に成長し、高さ60〜120cmになる。若い葉の裏面に白い粉粒が密生する。アカザの名があり、それからシロアカザ、シロザとなったと思われる。

花期8〜10月

芽生え［4月］

花序 花はがく5裂、雄しべ5、雌しべ1で柱頭2

茎は直立し太くなる。葉は互生、縁は不揃いな歯牙［7月］

造成地のシロザ 葉は小形、歯牙が少ない。全体に赤みをもつものがある［11月］

果実 薄い果皮が破れると黒い種子が現れる［11月］

花期5〜6月、シロザに似る

芽生え

コアカザ（ヒユ科／アカザ科）

Chenopodium ficifolium

1年草。畑や樹園地などの柔らかい土のところに生育。持ち込まれた土にともない、街なかの植え込みの中などにも生える。

茎は下部で枝を広げ高さ20〜60cm。葉は大きく3裂、縁に歯牙がある［5月、山梨］

■シロザとアカザの粉粒を拡大■

シロザの葉裏の粉粒

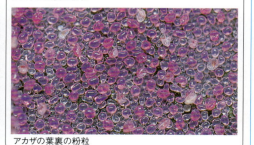
アカザの葉裏の粉粒

アカザ（ヒユ科／アカザ科）

Chenopodium album var. *centrorubrum*

1年草。空き地や畑跡などに生育。ときに栽培。茎は太く硬くなり高さ2mにもなる。葉も大きく若葉には赤紫の粉粒が密生する。茎を杖に加工することがある。

シロザの変種。若葉は赤い

ヒナタイノコズチ（ヒユ科）

Achyranthes bidentata var. *tomentosa*

多年草。林や田畑の周り、荒れ地、道ばたなど明るいところに生育。根はやや太い。茎は直立、四稜があり、高さ50〜100cm。

芽生え［7月］

花期8〜9月

成長初期。葉は対生、毛が多い。特に若葉は毛が目立つ。節はふくれる［6月］

がく片5、雄しべ5、雌しべ1で柱頭1

イノコズチ（ヒカゲイノコズチ）（ヒユ科）

Achyranthes bidentata var. *japonica*

多年草。林縁や道ばたなどのやや日陰に生育。茎はやや細く葉は薄質、毛は少ない。イノコズチの意味は諸説ありはっきりしない。

花はややまばらにつく［10月］

■イノコズチ類の果実■
2個の小苞がかぎになり、小苞基部に付属体がある

付属体は小さい　　付属体はやや大きい

小苞

ヒナタイノコズチ　　イノコズチ

ホナガイヌビユ（アオビユ）（ヒユ科）
Amaranthus viridis

1年草。昭和の初期の渡来とされる帰化植物。牧草地、田畑の周り、道ばたなどに生育。茎は途中から枝を分け、ややむらがった形になる。和名は穂長犬莧の意味。

花穂をつけた形。細長く立つ［9月］

芽生え［6月］

葉は鈍くとがり、先は少しくぼむ

花序　雄花と雌花が混在する。苞は小さい

ハリビユ（ヒユ科）
Amaranthus spinosus

1年草。明治年間の渡来とされる帰化植物。初めは南西諸島や九州南部に分布。近年は各地に広まり空き地、道ばた、畑などに生育。和名は針莧の意味。

葉腋に2本の鋭い針がある

花序には雄花（上）と雌花（下）でそれぞれ集まる部分がある

高さは40〜70cm。花期7〜9月。茎や葉柄が赤みを帯びる

イヌビユ（ヒユ科）
Amaranthus blitum

1年草。古い時代に渡来したとされる。

葉はやや小形、先がはっきりくぼむ［9月］

ホソアオゲイトウ（ヒユ科）
Amaranthus hybridus

1年草。大正年間に渡来した帰化植物。荒れ地、放棄畑、道ばたなどに生育。ときに群生する。和名は細青鶏頭の意味。

成長の初期。葉は互生、先はとがる

花序　花期8〜10月。雄花と雌花が混在する

果実　先がのぎ状の苞がある。がくは5個で、果実より短い

花穂は立ち枝を出す。茎は高さ1〜2m、太くなり軟毛が生える

アオゲイトウ（ヒユ科）
Amaranthus retroflexus

1年草。大正年間の渡来とされる帰化植物。畑、空き地、道ばたなどに生育。近年は減少した。ホソアオゲイトウとの区別はむずかしい。

アオゲイトウの花穂はやや太い。がくは果実より長い［7月］

空き地に群生するホソアオゲイトウ［9月］

ナズナ （アブラナ科）

Capsella bursa-pastoris var. *triangularis*

越年草ときに1年草。畑の周り、冬の田の中やあぜ、空き地、芝地などに生育。秋に芽生えロゼットで越冬し春に開花するのが多いが、春から夏に芽生え短期間に生活を終えることもある。春の七草の一つ。ナズナの語源を撫で菜とする説があるが異説もある。

ロゼット　根生葉の切れ込みの粗いタイプ［5月］

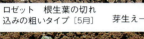
芽生え→

根生葉の切れ込みの細かいタイプ［11月］

茎は高さ20〜40cm。茎の葉は基部が矢じり形で茎を抱く。花期多くは2〜5月

空き地に群生するようす［5月、長野］

花は十字花冠　雄しべ6で4長

果実2室。形を三味線のばちにたとえペンペングサともいう

シロイヌナズナ（アブラナ科）

Arabidopsis thaliana

1年草ときに越年草。昭和中期以後渡来したものが各地に広まる。近年街なかの空き地、芝地、道ばたなどに増えている。染色体数2n＝10で、そのDNAすべてが初めて解明された植物として知られる。

花期3〜5月。暖地では他の時期も

↓果実は長さ 12〜15mm

街なかでの群生 ［4月］

茎は直立、枝を分ける。高さ10〜30cm。下部に毛が密生、上部は無毛。ロゼットは地面に張り付く。根生葉の縁に不規則な鋸歯 ［4月］

イヌナズナ（アブラナ科）

Draba nemorosa

越年草。畑の周辺や草地、道ばたなどに生育。

根生葉は粗い鋸歯。茎は直立、枝を分ける。高さ10〜30cm ［5月、長野］

花期3〜5月。果実は平たい楕円形

カラクサナズナ（アブラナ科）

Lepidium didymum

越年草または1年草。渡来は明治後期とされる帰化植物。近年街なかの空き地や道沿い、畑の周りなどに増えている。特に暖地に多い。カラクサガラシ、インチンナズナともいう。カラクサは唐草の意味。

芽生えとロゼット［4月］

ロゼットで過ごした後茎が分枝斜上する。高さ10〜20cm。葉は羽状全裂、裂片は細い［4月］

花期4〜5月。花はごく小さく、間もなく実となる。果実は2個の球をつなげた形、それぞれに1種子

ショカツサイ（アブラナ科）

Orychophragmus violaceus var. *violaceus*

越年草。中国原産で、江戸時代に導入されたという。人為的に種子が撒かれることもあり、堤防斜面、道沿い、空き地などに広まっている。和名は諸葛菜の音読みで、ハナダイコン、ムラサキハナナなどともいう。

花期3〜5月

果実　長さ7〜10cm

高さ30〜60cm。根生葉や下部の葉は羽状に深裂、縁に不揃いの鋸歯［4月］

39

マメグンバイナズナ（アブラナ科）
Lepidium virginicum

越年草または1年草。明治年間に渡来した帰化植物。空き地、グラウンド、農道、芝地などに広く生育。ロゼットで越冬するもの、春になって発芽し短期間ロゼットをつくるものがある。和名は豆軍配ナズナ。

成長の途中。茎は直立［4月］

花期5〜7月、ときに秋。上部で多くの枝を出す。高さ20〜50cm

グンバイナズナ（アブラナ科）
Thlaspi arvense

越年草。江戸時代に渡来したとされる。空き地や道ばたなどに生育。

果実は大きくて軍配形［5月］

ロゼット 根生葉は羽状に浅裂［4月］

花はナズナより小形。果実は平たい円形

タネツケバナ (アブラナ科)

Cardamine scutata var. *scutata*

越年草ときに1年草。冬の田の中や畑の周り、あぜなどに生育。かつては種籾を水に漬けて苗作りの準備に入るころ咲くというのでついた名だが、今のイネ作りには合わない。水田では乾田化によって減少した。

根生葉は羽状に全裂。葉柄に毛が多い［3月］

花期2〜5月。茎は根ぎわで分かれ低い株状になる。葉は羽状に深裂

ミチタネツケバナ (アブラナ科)

Cardamine hirsuta

越年草ときに1年草。1980年代に帰化が認められたが、近年街なかの空き地、芝地、畑、道ばたなどに増えている。和名は道種漬け花の意味。

根生葉は羽状に全裂、頂の羽片が大きい［3月］

花期2〜4月。茎は高さ5〜15cm、根生葉が残る

タネツケバナ　花は十字花冠、雄しべ6で4長。果実は細い角果、長さ10〜20mmほど、熟すと裂ける

タネツケバナ（左）とミチタネツケバナ（右）の果実。熟すと果皮が勢いよく巻き上がり、種子を飛ばす

ミチタネツケバナ　花は十字花冠で雄しべ4。果実は細くて直立、長さ20mm程度

イヌガラシ (アブラナ科)

Rorippa indica

多年草。田のあぜ、畑の周り、空き地などに生育。地表にロゼットをつくり越冬する。和名は芥子菜に似て食用にならないとして犬芥子とした。

花期4～6月、ときに秋

ロゼット　根生葉の頂裂片は大きい[4月]

花　十字花冠、4長雄しべ。果実は長角果、10～20mm

ロゼットを掘ると太く長い根がある

スカシタゴボウ (アブラナ科)

Rorippa palustris

越年草ときに1年草。やや湿った空き地、田のあぜなどに生育。和名はすかし田牛蒡とされるが由来は不明。

ロゼット　根生葉は羽状に深裂[5月、山梨]

花　十字花冠、4長雄しべ。果実は短角果、4～6mm

花期5～6月

カキネガラシ（アブラナ科）
Sisymbrium officinale

1年草または越年草。明治後期に渡来した帰化植物。街なかの空き地、道ばた、樹園地などに生育。高さ60〜80cm。和名は垣根芥子の意味。

花期5〜7月。花は十字花冠

イヌカキネガラシ（アブラナ科）
Sisymbrium orientale

1年草または越年草。明治年間に渡来した帰化植物。空き地、道ばたなどに生育。根生葉は羽状に深裂。茎は下部で分かれ直立。和名は犬垣根芥子の意味。

果実 硬い棒状、斜めに開く

茎上部の葉は基部がほこ形 [4月]

根生葉や下部の葉は羽状に深裂 [5月]

果実 長さ2cm、花序の軸に密着する

多くの枝が水平に広がり、針金状。毛が密生する。枝の先に長い花序

43

カラシナ（アブラナ科）

Brassica juncea

越年草または1年草。カラシナ（芥子菜）は野菜として古くから栽培されたが、それとは別に外来種の野生化したと思われるものが各地の堤防沿いや空き地に増えている。セイヨウカラシナということもある。

セイヨウアブラナ（アブラナ科）

Brassica napus

越年草ときに1年草。明治初年に採油用に栽培されたものが野生化したか、あるいは近年渡来したものが堤防沿いや空き地などに増えている。和名は西洋油菜の意味。

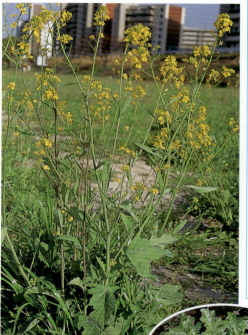

花期4〜5月。花時には高さ60〜100cm。果実は5〜10cmになる

葉は基部が茎を抱く（下部の葉は大形で羽状に切れ込む）。葉や茎が白っぽく見える

花時には高さ60〜90cm。花期は4〜5月

根生葉は大形、長い柄があり羽状に深裂［3月］

葉の基部は茎を抱かない

長角果、3〜6cm。斜めに開く

土手に群生したカラシナ［4月］

ハルザキヤマガラシ (アブラナ科)

Barbarea vulgaris

越年草ないし多年草。明治年間の渡来とされるが近年各地に増加している。新たな渡来もあるのであろう。とくに本州中部以北や、やや寒冷な地方の空き地、道沿い、田畑の周り、河川敷などに群生する。和名は春咲き山芥子。ヤマガラシは山間部に生育する在来種。

上部の葉は粗い鋸歯

花期5〜6月。上部で多くの枝を出し密に花をつける。高さ40〜80cm。根生葉は羽状全裂、羽片は2〜4対

茎の葉は浅〜深裂。基部は耳状でやや茎を抱く

やや小形の十字花、6〜8mm

45

ナガミヒナゲシ（ケシ科）
Papaver dubium

1年草または越年草。1960年ごろの渡来とされる帰化植物。近年街なかの空き地や道ばた、畑の周りなどに増えている。全体に白い毛が密に生える。栽培のヒナゲシと同属だが果実が長いので長実とした。

春の芽生え

しばらくはロゼット状で過ごす［3月］

高さ30〜60cm。花期4〜7月。つぼみは下を向く

花弁4、雄しべ多数。雌しべ1、柱頭には5〜9本の放射条がある

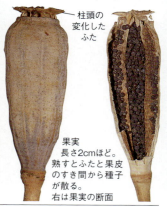

柱頭の変化したふた

果実 長さ2cmほど。熟すとふたと果皮のすき間から種子が散る。右は果実の断面

道沿いなどに群生するが人為的なものか…［5月］　花をつけた小さな個体

タケニグサ (ケシ科)

Macleaya cordata

大形の多年草。林縁、林の伐採跡、荒れ地、空き地、道ばたなどに生育。根は太くて橙色。春から地上に現れ急速に成長する。茎は中空で切ると黄色い汁が出る。竹の茎を思わせるというので竹似草か。竹煮草とする説もある。別名チャンパギクは渡来種と思われたためか。

成長初期 [5月]

茎は太くて中空

茎は1〜2mになる。花期7〜8月。葉は広卵形で粗い切れ込みがある。裏面は白い細毛が密生

花序　果実はゆするとふれ合って音がする [7月、山梨]

つぼみ

花　雄しべ多数。雌しべの柱頭は2裂。がく片2個は早く落ちる

47

ドクダミ（ドクダミ科）

Houttuynia cordata

多年草。家の周り、空き地、道ばたなどの半陰地に普通に生育。スギなどの林床に大群生することもある。細い地下茎を長くのばし盛んに芽をつくり地上に茎を立てる。全体に臭気がある。古くから薬草（十薬）にされる。ドクダミの語源は諸説ありはっきりしない。

花序　花期6〜7月。小花は総状に集まる。雄しべ3と雌しべ1のみで、がく・花弁はない

柱頭3個に分かれる

やく

白い4弁は花序の総苞片

全体無毛、茎は軟質、やや屈曲してのびる。高さ20〜40cm。葉は互生、心形［7月］

↓地上に現れた若い茎［4月］

果実　熟すと裂けて種子を出す。

↓果実の断面　中に種子が見える

地下茎は長く横走する

林縁に群生するようす［6月］

48

ヘビイチゴ (バラ科)

Potentilla hebiichigo

多年草。田のあぜ、やや湿った空き地、草地などに生育。長いほふく茎をのばして群生する。実は有毒ではないにしてもあまり薦められないというので蛇苺か。

ヤブヘビイチゴ (バラ科)

Potentilla indica

多年草。林縁や半日陰の道ばたなどに生育。葉はヘビイチゴよりやや大きく濃緑色、縁は鈍い鋸歯状。藪蛇苺はその生育場所からか。

ヘビイチゴ　花期4〜5月

ヤブヘビイチゴ　花期4〜5月

ヘビイチゴの葉　3出複葉で小葉の先は鈍頭、縁は粗い重鋸歯状

ヘビイチゴの花　がくは5裂、大形の副がく片がある。雄しべ、雌しべ多数

ヤブヘビイチゴの葉　小葉の縁は鈍い鋸歯状

地表にほふく茎をのばすヘビイチゴ［5月］

ヘビイチゴの果実　花床の肥大した偽果、表面白っぽい。径10mmほど

痩果　表面に密に突起

痩果　表面は平滑

ヤブヘビイチゴの果実　偽果の径15〜20mm (p222)

49

ヤハズソウ(マメ科)

Kummerowia striata

1年草。空き地、芝生、グラウンド、河原、道ばたなどに広く生育。茎は細いが丈夫。根ぎわから多くの枝を分け低くむらがる。踏みつけにかなり強い。小葉をつまんで引っ張ると葉脈に沿ってV字形に切れる。この形を矢筈にたとえて矢筈草とした。

引っ張って切れた形

芽生え

茎はむらがる。高さ10〜15cm［6月］

茎の毛は下向き

↑花期8〜10月。葉腋に1、2の蝶形花。葉は3出複葉、平行する側脈が明瞭

果実 扁平、熟しても割れない

マルバヤハズソウ(マメ科)

Kummerowia stipulacea

1年草。形や生育地はヤハズソウに似るが、葉は丸みを帯び先がややくぼむ。ヤハズソウより数は少ない。

マルバヤハズソウ［9月、山形］

茎の毛は上向き

芝生に繁茂したヤハズソウ［7月］

芽生え

メドハギ(マメ科)

Lespedeza cuneata var.*cuneata*

多年草。草原、荒れ地、河原、芝地、堤防などに生育。茎は直立あるいは斜めに立つ。丈夫で下部は木質化する。メドハギは茎を占いの筮に用いたからという説があるが、小葉の形が針の穴(めど)に似ていると見ると単純でわかりやすい。

葉は3出複葉、小葉はヤハズソウより細長い。密につく

花期8～10月。
花は葉腋に2、3個つく。
閉鎖花もある

果実 扁平で中に1種子

茎は高さ50～100cm［7月］

●ハイメドハギ メドハギの一型。茎が地表近くをはう。河原や海辺の砂地などに見られる［9月］

ミヤコグサ (マメ科)

Lotus corniculatus var. *japonicus*

多年草。草原、空き地などに生育。海岸の風当たりの強い草地にも見られる。都草の名は京都に因むというが、深津正は脈根草に基づくとしている。

根ぎわから多くの枝を分け、低くむらがる [5月]

セイヨウミヤコグサ (マメ科)

Lotus corniculatus var. *corniculatus*

多年草。1960年代から増えた帰化植物。空き地や草原、道ばたなどに生育。高さ30〜40cm。

花期5〜9月。柄の先に4〜8個の蝶形花。果実は長い

葉は3出複葉。葉柄の基部に2個の大きな托葉があり5小葉のように見える

花期5〜10月。長い柄の先に2、3個の蝶形花

果実　線形で熟すとねじれて種子を出す

コメツブツメクサ (マメ科)
Trifolium dubium

1年草。1930年代に見出された帰化植物。草地、芝生、空き地などに生育。茎は細くよく枝分かれして低く広がる。詰め草の類で、花が小さいことで米粒。

クスダマツメクサ (マメ科)
Trifolium campestre

1年草。1940年代に見出された帰化植物。街なかの空き地、堤防、道ばたなどに生育。詰め草の類で、花序は球形でやや大きく薬玉にたとえた。

葉は3出複葉。小葉の先がくぼむ。葉柄は短い。花期4〜7月。数個〜数十個の小花が集まる

花序には20個以上の花が集まる。花期5〜6月。葉は3出複葉、小葉の先は鈍頭。葉柄はやや長い

クスダマツメクサの果実 花冠が早く落ちる。中に1種子

春早く芝生に現れたコメツブツメクサ［3月］

コメツブツメクサの果実 花冠が残り果実を包む

空き地に群生するコメツブツメクサ［4月］

シロツメクサ(マメ科)
Trifolium repens

多年草。暖地では冬も地上部が残る。江戸時代後期に渡来。その後飼料作物や緑被用に栽培、各地に広く野生化している。クローバと呼ばれ多くの品種がある。オランダからの輸入品にこの枯れ草を詰めてきたことから詰め草と呼ばれたという。

花期4～10月。白い蝶形花が球状に集まる

花冠を除いた果実

節々に葉をつける。葉は長い柄をもつ

果実は残った花冠に包まれる。中に3～4個の種子

茎は地面をはって広がり、節から根を下ろす。踏みつけにも強い［6月、山形］

3出複葉で小葉の縁に細鋸歯

公園の広場に群生するようす［5月］

アカツメクサ(マメ科)

Trifolium pratense

多年草。明治初期から飼料作物として導入された。各地に野生化し、牧草地、草地、空き地、堤防、道ばたなどに生育。シロツメクサと違い地面をはう茎はなく、茎は枝分かれしむらがって立つ。全体に軟毛が多い。和名は赤詰め草の意味。別名ムラサキツメクサ。

花期5〜8月。花序の基部に葉がある

果実 花冠が残る〔6月〕

成長の初期〔3月〕

高さ20〜50cm。3出複葉。茎上部にも葉がある。小葉はやや大きく、先はとがる〔8月〕

株の下には太い直根がある

花冠の中に卵円形の果実種子は1個。写真は一部を切除したもの

55

カラスノエンドウ（マメ科）

Vicia sativa var. *segetalis*

越年草ときに1年草。田畑の周り、空き地、土手の草地、道ばたなどに広く生育。茎は細いが巻きひげがからみ合いむらがって立つ。普通在来種に扱われるが、外来系が混じって生えていると考えられる。和名は烏野豌豆の意味。別名ヤハズノエンドウは小葉の形から。

成長初期、しだいに小葉の数を増し、羽状複葉になる［3月］

←秋の芽生え 初めの葉は2小葉 ［10月］

複葉の先は巻きひげになる

茎は4稜

葉柄

蜜腺がある

托葉

花期3〜5月

果実　熟すとよじれて裂ける。種子は10個ほど

葉腋に2個の蝶形花。柄はごく短い

スズメノエンドウ(マメ科)
Vicia hirsuta

越年草。畑の周り、芝地、空き地、道ばたなどに生育。ときに群生する。カラスノエンドウより繊細なので雀野豌豆とした。

左上：花序
左下：果実。中に2種子

羽状複葉、小葉は細く6〜8対、先は巻きひげ。花期4〜5月。葉腋から長い柄を出し、先に3〜7個の花

線路沿いに群生したようす［4月、愛知］

カスマグサ(マメ科)
Vicia tetrasperma

越年草。全体はスズメノエンドウに似て、生育地も同様。カラスとスズメの中間の形というのでカス間としたが雑種ということではない。

小葉はスズメノエンドウよりやや大きい［5月］
右下：正面から見た花

花期4〜5月。長い柄の先に2個の花

果実　中に4種子

57

ツルマメ（マメ科）

Glycine max var. *soja*

1年草。やぶの周り、荒れ地、道ばたなどに生育。長いつるを盛んにのばし群生する。全体に下向きの褐色毛が目立つ。和名は蔓豆。ダイズの原種といわれる。

葉は3出複葉。小葉は狭卵形、両面に短い褐色毛

花期8〜9月。葉腋から出た柄に数個つく

果実　表面に褐色毛が密生。中に2〜3種子［10月］

ヤブマメ（マメ科）

Amphicarpaea bracteata subsp. *edgeworthii*

1年草。田畑ややぶの周り、空き地、道ばたなどに生育。つるに黄褐色の毛がある。普通の花のほか地中に閉鎖花をつける。和名は藪豆の意味。

芽生え［3月］

葉は3出複葉。小葉は卵形、両面に伏した毛［9月］

花期8〜10月

果実　縁だけに毛がある。種子は普通3個［11月］

越冬した茎からの成長

クズ（マメ科）

Pueraria lobata subsp. *lobata*

つる性の多年草。茎の下部は枯れずに木質化し半低木状になる。林縁、原野、放置された畑、道路沿いなどに広く生育。しばしば大群生する。根は年数を経ると太く長くなり、多量のデンプンを貯える。これから精製したものが本来の葛粉であるが、現在生産は少ない。

花期8〜9月。花序は巻き上るつるにつきやすい。穂は上向きで花は下から咲き上がる

← 果実　長い豆果、粗い褐色毛でおおわれる。種子は平たい円形［10月］

林縁をおおう。つるはときに長さ10mを超える［7月］

つるは長く強靭、褐色の毛を密生［6月］

59

アレチヌスビトハギ(マメ科)

Desmodium paniculatum

1年草。1940年代に渡来した帰化植物。荒れ地、空き地、道ばたなどに生育。果実の表面にかぎ毛が密生し他物に付着しやすい。和名は荒れ地盗人萩の意味。くっつきやすい実を「どろぼう」という方言があるが、盗人はそれに基づくものであろう。

シナガワハギ(マメ科)

Melilotus officinalis subsp. *suaveolens*

1年草または越年草。明治初期からの帰化植物。荒れ地、空き地、道ばたなどに生育。シナガワは東京の品川。別種のシロバナシナガワハギやコシナガワハギも各地に帰化。

茎は直立か斜めに立つ。高さ50〜100cm。葉は3出複葉、両面に毛 [10月]

→ 花期は8〜10月。右の花は雄しべと雌しべを突き出している [9月]

茎はよく枝分かれし、高さ50〜100cm

シナガワハギの葉

果実　3〜5節にくびれる（p78）[9月]

● ヌスビトハギ
果実は2節にくびれる。林床や林縁に生育。[9月]

シナガワハギの花と果実。花期4〜6月

● シロバナシナガワハギ

コメツブウマゴヤシ（マメ科）

Medicago lupulina var. *lupulina*

越年草または1年草。江戸時代に渡来し牧草地、空き地、道ばたなどに広く帰化した。現在はやや減少している。

ウマゴヤシ（マメ科）

Medicago polymorpha var. *polymorpha*

越年草。江戸時代後期に牧草として移入。牧草地、海の近くの空き地、道ばたなどに広まったが最近は多くはない。馬肥やしといったのは良質の牧草を意味したのであろう。

茎はよく枝分かれし低くはうか斜めに立つ。葉は3出複葉、上部に細鋸歯がある。托葉は鋸歯がない〔6月〕

茎はよく枝分かれし低く広がる。葉は3出複葉、托葉はくしの歯状に深く裂ける。〔4月〕

花は数個ずつつく。果実はらせん状に巻き、とげが密生する。これで他物によくくっつく〔4月〕

花期は4〜6月。枝の先に花序をつける。小花は20〜30個〔6月〕

果実は小形で腎臓形。この形から米粒の名がついた〔6月〕。

コウマゴヤシ（マメ科）

Medicago minima

越年草。明治年間に渡来。海に近い空き地や道ばたに生育するが、いまはあまり多くはない。

葉は3出複葉、托葉は裂けない。果実はらせん状に巻き、とげが密生〔水田光雄撮影〕

カナムグラ (アサ科／クワ科)

Humulus scandens

つる性の1年草。荒れ地、林ややぶの周り、河川敷、道ばたなどに生育。しばしば群生する。茎や葉柄に逆向きのとげが密生し、引っかかりながら巻きつく。和名はカナ（鉄）のように強いつる（むぐら）という意味。夏から秋にかけ花粉が飛び、花粉症の原因植物の一つ。

茎と葉柄のとげ

↓芽ばえ 子葉と本葉 [4月、長野]

荒れ地に群生するようす [8月]

雄花はがく片5、雄しべ5

雌花序　雌花のがくは小形。鱗片のような苞に包まれる

雄花序は大きな円錐状。花期8〜9月。雌雄異株

果実　痩果を包む苞も紫褐色になる [10月]

春の新しい芽出し
[4月]

ヤブガラシ(ブドウ科)

Cayratia japonica

つる性の多年草。荒れ地、やぶや畑の周り、植え込み、フェンス沿い、道ばたなどに広く生育。長い地下茎があり、その節から芽をのばす。茎は巻きひげを出してからみつき、しばしば他物をおおう。その繁茂ぶりから藪を枯らすようだとしてついた名。

葉は鳥足状複葉、5小葉

つるには稜がある[8月]

巻きひげ

巻きひげは本来主軸の先端であるが、その腋芽がのびて主軸のようになる。これを繰り返し長いつるになる(仮軸成長)

花序　花期7〜8月。小花が集散状に集まる

花弁4、早く落ち花床が目立つ

果実　黒く熟す

つるが伸びて樹木をおおう[8月]

コニシキソウ（トウダイグサ科）

Euphorbia maculata

1年草。明治年間に渡来した帰化植物。空き地、畑、グラウンド、庭、道ばたなどに生育。茎は枝分かれを繰り返し地面に広がる。切ると白い汁が出る。和名は小錦草の意味。

雌花
茎に軟毛がある

花期6〜9月。葉腋に複数の杯状花序

葉は対生、中央に暗赤色の斑紋。節から根を下ろすことは少ない

芽生え［5月］

ニシキソウ（トウダイグサ科）

Euphorbia humifusa

1年草。在来種とされるが、コニシキソウより少ない。葉はやや大きく、斑紋はない。茎はほとんど無毛。錦草としたのはかなりの美称か。

コニシキソウの果実 短毛が密生［8月］

裂開した果実［8月］

ニシキソウ［7月］

葉には白い長毛が散生

茎には短毛が
まばらにつく

葉は対生、やや大形、
普通斑紋はない［8月］

オオニシキソウ（トウダイグサ科）

Euphorbia nutans

1年草。明治後期に渡来した帰化植物。畑の周り、草地、道ばたなどに生育。茎は枝分かれし斜めに立つ。高さ20〜50cm。

果実
表面無毛

花期6〜9月。葉腋に複数の杯状花序。このなかまの花序で白い花弁状のものは腺体の付属体（p221）

シマニシキソウ（トウダイグサ科）

Euphorbia hirta var.*hirta*

1年草。世界の熱帯・亜熱帯に広く分布。江戸時代後期に渡来、暖地の空き地、芝地、道ばたなどに生育。

葉は対生、やや大形で主脈と側脈が明瞭、裏面緑白色。葉腋から出る柄の先に杯状花序が球状に集まる。果実は毛が密生
［4月、沖縄］

トウダイグサ（トウダイグサ科）
Euphorbia helioscopia

越年草または1年草。田畑の周り、樹園地、空き地、道ばたなどに生育。茎は円柱状で切ると白い汁が出る。茎の上部に大きな葉が輪生し、そこから花序のつく枝を広げるが、その形を昔の燈明台にたとえて燈台草という。

茎はむらがって立つ［4月］

芽生え　晩秋から早春にかけて

枝の中心に花序をつけ、さらに小枝を分けて杯状花序をつける。花期3〜4月

果実
熟すと3裂
［5月］

杯状花序
総苞はつぼ形、数個の雄花（雄しべ）と1個の雌花（雌しべ）がある。
雌しべ（子房）はつぼの外に垂れる（p221）

雄しべ・腺体・雌しべ（子房）・つぼ形の総苞

66

コミカンソウ （コミカンソウ科／トウダイグサ科）

Phyllanthus lepidocarpus

1年草。夏の畑、庭、空き地などに生育。水平に広がる枝に球形の小さな果実が並んでつくので小蜜柑草とした。

成長初期。初めは倒卵形の葉が数枚集まってつく［7月］

茎が立ち、枝がほぼ水平にのびる。枝には20〜30枚ほどの葉が左右に並び、一見羽状複葉かと思わせる［7月、愛媛］

葉腋に花がつく。枝の先寄りには雄花が、もと寄りには雌花がつく。果実の表面にいぼ状の突起が密生［7月、愛媛］

雄花は葉腋に1〜3個つく。がく片6、雄しべは3で合着

雌花は1個ずつつく。柱頭は3個

ナガエコミカンソウ （ブラジルコミカンソウ） （コミカンソウ科／トウダイグサ科）

Phyllanthus tenellus

20世紀の終わりごろ記録された帰化植物。1年草または複数年草。ときに茎が木化する。街なかの空き地、道ばた、花壇などに生育。コミカンソウより大形で雌花と果実の柄が長い。

茎が立ち、枝はほぼ水平または斜上する。葉は楕円形で互生、一見羽状複葉を思わせる［9月］

高さはときに1mを越える［9月］

果実は偏球形で柄が長い［9月］

葉腋に雄花と雌花は別についたり混じってついたりする。雄花はがく片5、雄しべ4〜5、離生。雌花はがく片5〜6。柱頭は3個で先が分かれる

67

アメリカフウロ (フウロソウ科)

Geranium carolinianum

越年草または1年草。1930年代に渡来が認められた帰化植物。畑、空き地、植え込み内、道ばたなどに生育。各地に増えている。暖地では耕作地にも入り込み群生する。フウロソウ(風露草)の名はもともと亜高山帯にあるイブキフウロを指すという。

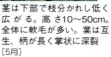

初めはロゼット状 [4月]
←芽生え [11月]
花期3〜6月。散形につく。花弁5、雄しべ10

茎は下部で枝分かれし低く広がる。高さ10〜50cm。全体に軟毛が多い。葉は互生、柄が長く掌状に深裂 [5月]

↓畑のまわりなどに群生 [5月]

果実 長さ2cmほどの嘴(くちばし)状で熟すと5裂して種子を散らす

イモカタバミ（カタバミ科）

Oxalis articulata

多年草。1950年代に記録された帰化植物。栽培もされ空き地や道ばたに野生化している。葉は根生し地下に球形の塊茎がある。芋カタバミの意味。

イモカタバミ。花期4〜10月

花冠の中心部は濃紅紫色。雄しべのやくは黄色［5月］

塊茎　多数の小塊茎（小いも）をつくって増える

ムラサキカタバミ（カタバミ科）

Oxalis debilis subsp. *corymbosa*

多年草。江戸時代末期に観賞用として渡来。各地の空き地、道ばたなどに野生化する。地下に鱗茎があり、多数の小鱗茎をつくって増える。イモカタバミに似る。

ムラサキカタバミ。花期3〜7月

花冠の中心部は淡黄緑色。雄しべのやくは白色［5月］

地下に多数の小鱗茎

オッタチカタバミ（カタバミ科）

Oxalis dillenii

多年草。1960年代に認められた帰化植物。空き地や道ばた、庭園などに近年増えている。地下茎が浅くはい、それからやや太い茎が直立する。全体に白い毛が多い。カタバミの一型にタチカタバミの名があるので、おっ立ちとした。

花期4〜10月

↓直立茎がはっきりする。葉は茎上部に集まる［5月］

↑芽生え

果実　柄が斜めに下がる

←果実が割れて種子を飛ばす［6月］

種子は半透明の膜（外種皮）に包まれている。刺激によって膜が反転した勢いで種子を飛ばす

茎や葉柄に白毛が密生する

地下茎が浅くはい、増える［7月］

芽生え［5月］

がく、花弁5、雄しべ10、子房5室

果実
熟すと果皮が割れて種子を飛ばす。オッタチカタバミと同じしくみ

カタバミ（カタバミ科）

Oxalis corniculata var. *villosa*

多年草。畑、空き地、庭、芝生、道ばたなどに普通に生育。寒い時期以外はほぼ年中発芽し成長する。暖地では冬も残っている。ほふく茎をのばし節から根を下ろすので雑草としては除去しにくい。カタバミは傍食ともいわれるがはっきりしない。

花期4〜10月。葉は3出複葉、托葉は膜質

アカカタバミ（カタバミ科）

Oxalis corniculata f. *rubrifolia*

カタバミの一品種。全体が赤紫色を帯び、葉はやや小形。カタバミと混じって生える。中間色のものをウスアカカタバミという。

立ち上がる株から直根をのばす。茎や葉柄に白毛が散生［10月］

アカカタバミ［5月］

ウスアカカタバミ［8月］

メマツヨイグサ（アカバナ科）
Oenothera biennis

越年草または2年草、ときに1年草。発芽の時期に幅があり、それによって生活史の長さも変わる。明治年間の渡来とされる帰化植物。荒れ地、空き地、休耕畑、造成地、道ばたなどに広く生育。ときどき大群生する。和名は雌待宵草の意味。

ロゼット　根生葉は密につく。先はややとがり、紫褐色の斑紋がある〔12月〕

花期7〜10月。夕方開き翌朝しぼむ

花弁4、雄しべ8、雌しべ1で柱頭4、子房は下位
※花弁の間にすき間のあるのをアレチマツヨイグサとするが区別はむずかしい。

茎は直立、高さ1〜1.5m〔7月〕

芽生え〔5月〕

←果実
熟すと裂開、多数の種子がこぼれる〔9月〕

ロゼット 葉は不規則な羽状に切れ込む [9月]

コマツヨイグサ (アカバナ科)
Oenothera laciniata

越年草ないし多年草。1910年代の渡来とされる帰化植物。1950年代から急に増え出し、海岸の砂浜に群生するようになったが、近年は街なかの空き地、造成地、畑の周り、道ばたなどにも広がっている。マツヨイグサ類の中では花が小形。

花期4〜10月。花は小形、夕方開き翌朝しぼんで赤くなる

茎は多くの枝を分け低くむらがる [5月]

砂地に群生したようす [6月]

果実 熟すと裂開 [9月]

73

オオマツヨイグサ（アカバナ科）

Oenothera glazioviana

2年草ないし越年草。明治初年に観賞用として導入。野生化し各地に拡大した。かつて多かった海岸や河原では減少したが、高原などにはときどき群生する。

芽生え［3月］

茎は直立、高さ1～1.5m
［7月、長野］

ロゼット　根生葉は先が鈍く鋸歯がない［10月］

花期6～8月。花はマツヨイグサ類で最も大きい

マツヨイグサ（アカバナ科）

Oenothera stricta

2年草ないし多年草。江戸時代後期に渡来、観賞用に栽培される。野生化し河原、海岸砂地、空き地、堤防などに生育。夕方開花するので待宵草。

茎はむらがって立つ。花期5～7月。花は夕方開き、翌朝しぼむと赤くなる

大形のロゼット
根生葉は広線形、浅い鋸歯
［9月、岐阜］

果実

果実　熟すと裂開

ヒルザキツキミソウ（アカバナ科）

Oenothera speciosa var. *speciosa*

多年草。観賞用に栽培されるが野生化し、近年街なかの空き地、道ばたなどに増えている。月見草は待宵草と同じ意味だが、日中咲いているので昼咲き。

ユウゲショウ（アカバナ科）

Oenothera rosea

多年草ないし越年草。観賞用に栽培されるが野生化し、街なかの空き地、庭、道ばたなどに生育。暖地に特に多い。和名は夕化粧だが、花は未明に開く。

道路沿いに群生するようす。茎は根ぎわで枝が分かれ低く広がる。高さ60〜80cm。花期5〜9月［5月］

花期5〜10月。茎には剛毛があり引っかかる

茎は根ぎわで分かれ低く広がる［4月］

成長の途中［5月］

ヒルザキツキミソウの花。未明に開き多くは翌日まで続く2日花

ヒルザキツキミソウの果実
水にぬれたとき果皮が裂開し、乾くと再び閉じる（種子は雨滴で散布）［6月］。ユウゲショウも同様

ユウゲショウの花。普通は1日花

75

カラスウリ（ウリ科）

Trichosanthes cucumeroides

つる性の多年草。林縁、やぶの周り、荒れ地、土手沿いなどに生育。つるを長くのばし、巻きひげがからんで群生する。根は肥厚して紡錘形。赤く熟した果実が秋遅くまで残るが、食べられないのでカラスの名をつけたのであろうか。

果実　5〜7cm。若いときは緑色で熟すと赤くなる［10、11月］

種子
カマキリの頭状

巻きひげは茎の変形。中間で巻く向きが変わる（矢印）

林縁をおおう。葉は互生。3〜5中裂、表面はざらつく［9月］

花期8〜9月。雌雄異株。暗くなって開き、朝しぼむ。雄花（右）は葉腋に2、3個、雌花（左）は葉腋に1個ずつつく

アレチウリ(ウリ科)
Sicyos angulatus

つる性の1年草。1950年代に渡来した帰化植物。近年荒れ地、空き地、河川敷、堤防沿いに増え、しばしば大群生する。つるは長くのび、巻きひげでからみつく。茎や葉柄に長毛が密生する。和名は荒れ地瓜の意味。ウリ科の帰化植物の例はごく少ない。

葉は互生。浅く3〜5裂。表面はざらつく[9月]

芽生え[6月]

↓巻きひげは茎の変形

川沿いに群生したようす。花期8〜9月。雌雄同株で、雄花序と雌花序は同じ葉腋につく

雄花序　雄しべは合着

雌花序　子房下位、表面に長い毛

果実　長毛が密生。水に浮く[10月]

77

マツバゼリ（セリ科）
Cyclospermum leptophyllum

1年草。19世紀の終わりごろ渡来が記録された帰化植物。近年暖地を中心に街なかの空き地、道ばたなどに増えている。

葉は2～3回羽状に細裂、裂片は糸状［4月］

茎は枝分かれしながら立つ。高さ20～70cm［5月、高知］

成長して早く花をつける。複散形花序で花は小形［4月］

コラム ひっつく実

植物は果実（種子）を散布するためのいろいろなしくみをもつ。中には表面にとげがあって他物にひっつくものがあり（付着散布）、衣服につくとなかなか取り除けない。

とげを拡大してみると、先端がかぎ状に曲がっていたり、大きなとげにさらに小さなとげがあったりと、その巧みな構造に驚かされる。

イガオナモミ（p113）の果実のとげ

オヤブジラミ（p79）の果実のとげ。右下は名前のもとになった人につくシラミ

アレチヌスビトハギ（p60）の果実のとげ

ヤブジラミ（セリ科）

Torilis japonica

越年草。林縁、やぶの周り、野原、道ばたなどに生育。全体にとげ状の毛が密生。熟した果実がよくくっつくので、体につくシラミにたとえて藪虱とした。

葉は1〜2回羽状複葉状に全裂、裂片は細かい［6月］

花期6〜7月。複散形花序

果実　散形に10個前後つく［7月］

オヤブジラミ（セリ科）

Torilis scabra

越年草。ヤブジラミと同じようなところに生育するが、成長や花期が早い。茎や葉は紫色を帯びる。果実がヤブジラミより大きいことから雄藪虱とした。

葉は2、3回羽状複葉状に全裂、裂片は細かい［5月］

越冬するロゼット［3月］

花期4〜5月。複散形花序　　果実　散形に4〜7個［6月］

チドメグサ（ウコギ科／セリ科）

Hydrocotyle sibthorpioides

多年草。空き地、庭、芝地、路上のすき間などに生育。細い茎が地面をはい一面をおおうことがある。和名はこの葉を傷口に貼ると血が止まるとのいい伝えから。

花期6〜9月。葉は互生、掌状に浅裂。花序の茎は短い

芽生え〔3月〕

茎は枝分かれしてはい、節々から根を下ろす

花　花弁5、雄しべ5　　　果実　2分果がくっついている

若い果実

オオチドメ（ウコギ科／セリ科）

Hydrocotyle ramiflora

多年草。芝生の間、空き地、林縁などに生育。葉はやや大形、切れ込みは浅い。散形花序だが小花の柄はごく短い。和名は大血止め。

花期6〜9月。花序の茎は長く、葉の上に突き出る

葉　チドメグサより大きく、径15〜25mm

花　花弁5、雄しべ5、子房は2室　　　果実　2分果がくっついている

ヤナギハナガサ（クマツヅラ科）
Verbena bonariensis

多年草。1950年ごろから空き地や道ばたなどに見られるようになった帰化植物。庭で栽培されることもある。

茎は数本株のように立つ。高さ1〜1.5m [7月、長野]

夏に茎の上部に多くの枝を分け花序をつける。花序には小花が密に咲く [8月]

ダキバアレチハナガサ（クマツヅラ科）
Verbena incompta

多年草。1900年代中ごろの帰化と思われる。空き地や道ばたなどに生育。アレチハナガサと混同されやすい。

ダキバアレチハナガサ
夏に茎の上部に枝を分け花序をつける。小花はヤナギハナガサほど目立たない [8月]

ダキバアレチハナガサ
茎は直立、高さ1〜1.5m。 [8月]

● **アレチハナガサ**
ダキバアレチハナガサと混同されやすい [7月]

ヤナギハナガサ
葉の基部はややふくらんで相接する。茎は4稜がはっきりし中空。全体に堅い毛がありざらつく

ダキバアレチハナガサ
葉の基部はふくらんで相接する。茎は4稜がはっきりし中実。全体に毛がありざらつく

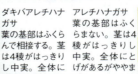

アレチハナガサ
葉の基部はふくらまない。茎は4稜がはっきりし中実。全体にとげがあるがややまばら

ヤエムグラ（アカネ科）

Galium spurium var. *echinospermon*

越年草または1年草。林ややぶの周り、空き地、草地、道ばたなどに普通に生育。茎は細長いつるとなり4稜がある。稜に逆向きのとげが密生し、互いに引っかかりながらむらがって長くのびる。ヤエムグラは八重葎で、そのむらがったようすからついた名。

本当の葉の葉腋から芽がのびる

葉は6〜8枚輪生、2枚が本当の葉で他は托葉の変形

花期5〜6月。花冠4深裂、子房下位

果実　2分果が合着、表面にかぎ状のとげが密生

成長すると1mを越える［5月］

芽生え［4月］

成長の初期［4月］

アカネ(アカネ科)

Rubia argyi

多年草。林ややぶの周り、空き地、土手、垣根沿いなどに生育。茎は長いつるになり、中空で切り口は四角。稜に逆向きのとげが密生、引っかかり合ってよくのびる。根は多肉で赤く、これを煮出した汁で布を染めた。アカネは赤根の意味で、茜とも書く。

本当の葉の葉腋から芽がのびる

葉は4輪生。2枚は托葉が大きくなったもの

花期8〜10月。花冠5深裂。子房下位

果実
2分果が合着、1個だけのこともある。表面にとげはない
[10月]

根　やや肥厚し赤い

成長すると長さ1.5mを越える [9月、山形]

成長の初期 [5月、長野]

83

オオフタバムグラ（アカネ科）

Diodia teres

1年草。1920年代に記録された帰化植物。河原、海岸の砂地、空き地などに生育。茎は下部で枝分かれし低く広がる。軟毛が密生する。和名は大双葉葎で、フタバムグラは田畑の周りに生える在来種。

ハナヤエムグラ（アカネ科）

Sherardia arvensis

1年草または越年草。1960年代に記録された帰化植物。各地の空き地や道ばたなどに散発的に生育、ときに群生する。和名は花八重葎。

葉は十字対生。短毛があってざらつく［9月］

芽生え

茎は地ぎわで多くに分かれる。葉は細く6輪生。全体にざらつく［5月］

花期4～8月。花冠は上部4裂。がくの先6裂。子房は下位で2室

果実　2分果。先にがく片が残る［6月］

花期7～8月。花冠は上部4裂　　果実　2分果［10月］

茎の地表に接した節から根を下ろす。葉は対生。全体に細かい毛が生える［10月、岐阜］

花後、若い果実は下を向く［5月］

果実 がくに包まれ、熟すと5裂［7月］

コナスビ（サクラソウ科）

Lysimachia japonica var. *japonica*

多年草。空き地、畑の周り、芝地、道ばたなどに生育。茎は根ぎわで枝分かれし地表に低く広がる。果実の形をナスにたとえ全体に小形なのでついた名。

花期5〜9月。葉腋に1個ずつつく。花冠5深裂、雄しべ5

ルリハコベ（サクラソウ科）

Anagallis arvensis f. *coerulea*

1年草。帰化植物。暖地の畑、空き地、道ばたなどに生育。茎は枝分かれし低く広がる。葉が対生し花が小形なのでハコベとしたのか。ルリは瑠璃色。

果実 熟すと横に割れる［3月、高知］

高さ10〜20cm。花期2〜5月。花冠5深裂。赤花のものをアカバナルリハコベという

ヘクソカズラ(アカネ科)

Paederia foetida

つる性の多年草。林ややぶの周り、空き地、人家の周り、植え込みの中、フェンス沿いなどに広く生育。他物に巻きついて旺盛にのび群生する。全体に臭気があり屁糞葛と呼ばれるが、ヤイトバナ(ヤイトは灸のこと)、サオトメカズラ(早乙女葛)などの名もある。

花期7～9月。花冠は先が5裂、中心部が紅紫色、その模様を灸の痕に見立てた

つるは円形。葉は対生、長い柄がある［7月］

地面をはうつるは節から根を下ろす［7月］

若い果実［9月］

熟すと黄褐色、中に2種子［11月］

ガガイモ (キョウチクトウ科／ガガイモ科)

Metaplexis japonica

つる性の多年草。林の周り、草原、荒れ地などに生育。茎は長いつるになり、からみ合いまた他物に巻きついてのびる。長い地下茎をのばし増える。古語で羅摩（かがみ）といい、それが転訛してガガイモになったのであろうか。

花冠5裂、内面に毛が密生。5本の雄しべは合着し雌しべを囲む（ずい柱）

←果実 表面に不揃いの突起［8月］

↓晩秋に果皮が割れると種子が現れる。種子は長い白毛があり風に乗って飛散する［11月］

花期8〜9月。葉は対生。裏面は白っぽい。切ると白い汁が出る

草はらのなかのガガイモ［8月］

若い形［5月］

ヒルガオ（ヒルガオ科）

Calystegia pubescens

つる性の多年草。林の周り、空き地、植え込み、フェンス沿いなどに生育。地下茎が長くのび、新しい芽を出して増える。日中も咲くので朝顔に対して昼顔。

花期6〜9月。葉は互生

ヒルガオの花

ヒルガオの果実。実るのはまれ

コヒルガオ（ヒルガオ科）

Calystegia hederacea

つる性の多年草。畑やその周り、植え込みの中、道ばたなどに生育。全体がヒルガオより小形。地下茎が縦横にのび盛んに増える。

花期5〜9月。葉は互生

花はヒルガオより小形。果実はほとんどできない

地下部が発達し、多くの芽を出す。写真はコヒルガオ

マメアサガオ （ヒルガオ科）

Ipomoea lacunosa

つる性の1年草。1950年代に輸入穀類に混入して渡来。荒れ地、空き地、道ばたなどに生育。和名は豆朝顔の意味。

ホシアサガオ （ヒルガオ科）

Ipomoea triloba

つる性の1年草。渡来や生育はマメアサガオと同様。星朝顔は花の形から。

花期7〜10月。花は小形。白色から淡紅色のものがある

花期7〜9月。花冠の中心部の色が濃い

マメアサガオは花柄にいぼ状突起がある

ホシアサガオは花柄にまばらに突起がある

■ヒルガオとコヒルガオの比較■

ヒルガオの葉は基部が矢じり形

コヒルガオの葉は基部が耳状に張り出し、さらに2分する

ヒルガオは花柄に翼がない

コヒルガオは花柄の上部に縮れた翼がある

セイヨウヒルガオ（ヒルガオ科）

Convolvulus arvensis

つる性の多年草。1950年代に輸入穀類などに混入して渡来。空き地、線路沿い、道ばたなどに生育。

花期6～8月。苞葉は小さい

マルバルコウ（ヒルガオ科）

Ipomoea coccinea

つる性の1年草。1950年ごろ観賞用に移入したとされる。各地の空き地、道ばたなどに繁茂。ときに畑などに侵入して大きな影響を与える。和名はルコウソウ（縷紅草）から。

つるがよくのびて他の植物をおおう［9月］

マルバアサガオ（ヒルガオ科）

Ipomoea purpurea

つる性の1年草。観賞用に栽培され、暖地に野生化し、空き地、垣根、道ばたなどに生育。葉は円心形。

盛んにつるをのばしむらがる。つるには下向きの長毛。花期8～9月。花色は変化がある

ノアサガオ（ヒルガオ科）

Ipomoea indica

つる性の多年草。暖地の海岸の崖地、空き地、道ばたなどに生育。葉は心形でアサガオによく似た形。

つるは長くのびてむらがる。花期6～10月。花柄の途中に細い苞葉が対生する［6月、宮崎］

ほふく茎は節々から根を下ろす
[5月、長野]

カキドオシ(シソ科)

Glechoma hederacea subsp. *grandis*

多年草。林縁、田のあぜ、畑の周り、樹園地、空き地、道ばたなどに生育。ときに群生する。全体に長い毛がある。春の開花後、長いほふく茎をのばし、それが垣根を通り抜けるということで垣通しとした。

葉は縁に丸みを帯びた鋸歯

果実 4分果。普通2個が成熟する。写真は一部を切除[6月]

花期4~5月。唇形花冠。雄しべ4、子房は4裂

花の時期には茎は立ち、高さ10~20cm。4稜がある。葉は十字対生。長い柄がある[5月、長野]

91

ヒメオドリコソウ (シソ科)
Lamium purpureum

越年草ときに1年草。明治中期に渡来した帰化植物。空き地、田畑の周り、道ばたなどに広く生育。多くは秋に芽生え越冬してから成長するが、春以後芽生えることもある。在来種のオドリコソウ(踊り子草)よりは小形で花もずっと小さい。

花期2～5月。唇形花が茎上部の葉腋に集まる

茎は根ぎわから分かれむらがって広がる。高さ20～40cm。茎は4稜、葉は十字対生 [5月、長野]

芽生え
このころはオオイヌノフグリやホトケノザに似る [5月]

冬越しの形 [3月]

●オドリコソウ　花の形を踊り子に見立てた [5月]

果実　4分果 [5月]

多くは秋に芽生え春に成長するが、春以降の芽生えもある

幼形 茎下部の葉は長い柄がある。上部の葉は無柄 [5月]

ホトケノザ(シソ科)

Lamium amplexicaule

越年草ときに1年草。畑の周り、田のあぜ、空き地、道ばたなどに広く生育。茎は4稜、対生する葉の葉腋に輪生する花のようすを仏の座に見立てた。摘み草にされる春の七草のホトケノザはこれとは別物とされる。

茎は数本が直立か斜上。高さ10～30cm [5月、長野]

花期2～5月。
開かないままで結実する
花(閉鎖花)もある

果実
4分果

街なかの空き地や道ばたには、葉が大形で、ほとんど閉鎖花ばかりの個体が増えている [5月]

閉鎖花の果実

イヌホオズキ(ナス科)

Solanum nigrum

1年草。荒れ地、空き地、畑の周り、道ばたなどに生育。茎は途中からよく枝を分けて広がる。高さ40〜70cm。ホオズキのように利用されないのでついた名。

葉は互生、縁は波状に切れ込む [10月]

花期8〜11月。節と節の間から出た柄の先に5〜12花が散房状につく。花冠は8mm前後で5中〜深裂

果実　熟すと黒くなる。中に数十個の種子 [8月]

アメリカイヌホオズキ(ナス科)

Solanum ptychanthum

1年草。1950年ごろの帰化。形、生育地はイヌホオズキに似る。この仲間は何種類かが帰化しているが、区別がむずかしい。

葉は長卵形、全縁か少数の歯牙、質薄い [10月]

花期8〜11月。柄の先に数個が散形状につく。花冠は5mm前後で5深裂、裂片はやや幅狭い

果実　種子は小さくて多数 [8月]　　果実は熟すと黒くなる [11月]

地下茎からの幼苗 [4月]

地下茎は深くのびる [8月]

ワルナスビ（ナス科）

Solanum carolinense

多年草。明治初年に牧草種子とともに渡来した帰化植物。荒れ地、牧草地、空き地、放棄畑、道ばたなどに生育。地下茎を深く長くのばして盛んに繁殖する。茎や葉柄、葉の脈上に鋭いとげがあり、はびこるとやっかいな草ということで名づけられた。

花冠は5中裂、白色から紫色まである。雌しべの長い花と短い花がある [7月]

茎は直立か斜上、節ごとに屈曲する。高さ40～70cm。茎や葉脈には鋭いとげがある [7月]

道路沿いに群生するようす [8月]

若い果実 [10月]

熟すと黄褐色、枝が倒れて地上に落ちる [1月]

95

トキワハゼ（サギゴケ科／ゴマノハグサ科）

Mazus pumilus

1年草または越年草。やや湿った空き地、畑の周り、庭、道ばたなどに生育。春早くから秋まで芽生え成長する。トキワは常磐、ハゼは花が爆米（はぜまい）に似るからとの説がある。

花期4〜10月。唇形花冠。がく5裂

果実 がくが包む

根生葉はやや大きい。茎は直立あるいは斜めに立ち低く広がる。ほふく枝はない［8月］

大きな株になったトキワハゼ［5月］

ムラサキサギゴケ（サギゴケ科／ゴマノハグサ科）

Mazus miquelii

多年草。田のあぜ、湿った空き地などに生育。根生葉の間から多くのほふく枝を出し低くむらがる。白花品をサギゴケ（鷺苔）という。

花期4〜5月。大きい唇形花冠で花期には目立つ［5月、長野］

花が白いサギゴケ［5月、長野］

ビロードモウズイカ（ゴマノハグサ科）

Verbascum thapsus

越年草ないし2年草。明治年間に観賞用に導入したものが野生化、その後の渡来もあり各地に広まった。平地から山地までの荒れ地、草地、道ばたなどに生育。ときに群生。全体が白毛でおおわれるのでビロード。モウズイカ（毛蕊花）は雄しべ（雄蕊）に毛が多いことから。

花期6〜9月。花冠は深く5裂。毛深い雄しべと毛のない雄しべがある

熟した果実［8月］

果実の中に種子は多数

茎は直立、高さ1.5〜2mになる［7月、山梨］

道ばたのロゼット 越冬すると大形になる［5月、長野］

オオイヌノフグリ
（オオバコ科／ゴマノハグサ科）

Veronica persica

越年草ときに1年草。明治中期に渡来し全国的に広まった帰化植物。田のあぜ、畑の中や周り、空き地、道ばたなどに普通に生育。普通は秋に発芽し春に成長するが、暖地では年内に開花したり、また春になってから発芽することもある。イヌノフグリに比べ大形。

花期2〜5月。花冠は4深裂、雄しべ2

茎は下部で枝分かれし低く広がる［4月］

芽生え　ヒメオドリコソウなどに似る［10月］

葉は下部で対生、上部で互生

果実
扁平で2室

中に多数の種子

●**イヌノフグリ**　在来種。いまは少ない。果実の形を犬のふぐり（陰嚢）にたとえた［5月］

マツバウンラン （オオバコ科／ゴマノハグサ科）

Nuttallanthus canadensis

越年草または1年草。20世紀の中ごろ帰化が確認された。芝生、造成地、空き地などにときどき群生する。ウンラン（海蘭の意味か）は海岸砂地に生育する多年草。同じウンラン属というのでこの名がついた。

ツタバウンラン （オオバコ科／ゴマノハグサ科）

Cymbaralia muralis

多年草。20世紀初めごろ（大正年間）に渡来したとされる。街なかの空き地、道ばた、石垣のすき間などに生育する。掌状に5～7裂した葉の形から蔦葉とした。

茎は細く基部で分かれ直立［5月］

葉は線形、下部では輪生状、上部は互生［5月］

茎は分枝して地表や石垣などをはう。節から根を下ろす［4月］

花は4～6月ごろ咲く

果実は熟すと裂開する［5月］

花冠は上下2唇に分かれ、後部は距となって突き出る［4月］

オオバコ（オオバコ科）

Plantago asiatica

多年草。空き地、グラウンド、道ばたなどに最も普通に生育。ロゼット型で葉は踏みつけに耐え、種子はぬれると粘つき付着しやすい。人の動きにともなって広まり、しばしば農道や山道などの路上に帯状に群生するのを見る。オオバコは大葉子で、中国名の車前は生育のようすをよく現している。

芽生え［4月、長野］

↓ロゼット
太く短い地下茎があり、多数の根を張る
［5月、長野］

柱頭が現れた花

花冠は先が4裂

←雄しべがのびた花

オオバコの花序
小花が密につき下から順次咲いていく。雌しべが先に現れ、後から雄しべが現れる［5月］

オオバコ　花期5〜10月。葉は根生葉のみ。3〜7本の葉脈が目立つ

ヘラオオバコ（オオバコ科）

Plantago lanceolata

多年草。江戸時代末期に渡来したという帰化植物。荒れ地、牧草地、芝地、河原、道ばたなどに生育。ロゼット型だが根生葉の質が軟らかく、オオバコほど踏みつけに強くはない。へら形の根生葉から箆大葉子とした。

オオバコの果実　ふたを取ると中に種子がある

ロゼット　根生葉は毛が密生。多数出てときに大きな株をつくる［3月］

花期6～8月。花茎は高くのび、40～60cm

ヘラオオバコの花序　オオバコより太く短い。花は雌しべが先に現れる

河川敷に群生したようす［6月、山形］

103

ツボミオオバコ（オオバコ科）

Plantago virginica

1年草。大正年間の渡来とみられる帰化植物。芝地、空き地、道ばたなどに偶発的に現れ、ときに大群生するが、安定した生育はしないようだ。

エゾオオバコ（オオバコ科）

Plantago camtschatica

多年草。北海道、東北、本州中部の日本海側の海岸砂れき地や空き地、道ばたなどに生育。全体に白毛が密生する。

花期5～7月。茎の高さ10～30cm。全体に白い毛が密生する

花期5～8月。高さ15～20cm。葉の縁に低い歯

ロゼット　間もなく花穂がのびてくる［4月］

空き地に大群生したツボミオオバコ［4月、沖縄］

花の終わったロゼット［8月、石川］

ロゼット
根生葉は柄がはっきりし密に出る［11月］

芽生え［10月］

花期3〜5月。花序の先ははじめ巻いている。花冠の先は5裂

キュウリグサ（ムラサキ科）

Trigonotis peduncularis

越年草。空き地、畑の周り、道ばたなどに生育。街なかにも多い。多くはロゼットで越冬、ときに春に発芽するものもある。葉をもんで嗅ぐとキュウリの臭いがするのでついた名。

茎は数本が斜めに立つ。高さ10〜30cm。茎の葉は柄が短い［4月］

ハナイバナ（ムラサキ科）

Bothriospermum zeylanicum

1年草または越年草。畑の周り、空き地などに生育。葉と葉の間に花がつくように見えることから葉内花とされるが、これには異説もある。

花冠の先は5裂

花序の先は巻かない［9月］　　果実は4分果［10月］

花期3〜10月。根生葉は柄がなく葉面にしわがある

105

キツネノマゴ（キツネノマゴ科）

Justicia procumbens var. *leucantha* f. *japonica*

1年草。林縁、明るい林床、空き地、畑の周り、道ばたなどに生育。秋の野外に普通に見られる。キツネノマゴは狐の孫ではなくキツネノママコからの転訛ではないかと深津正は推論している（ママコはゴマノハグサ科のママコナ）。

茎は4稜あり、節がややふくれる。葉は対生。表面に毛が散生。高さ20〜40cm。茎は数本に分かれ下部ははい上部は立つ［8月］

花期8〜10月。唇形花冠、子房は2室

芽生え［8月］

ノヂシャ（スイカズラ科／オミナエシ科）

Valerianella locusta

越年草または1年草。明治年間に導入されたといい、いまは堤防周辺、空き地、道ばたなどに散発的に生育。越冬時はロゼットをつくる。チシャ（レタスのこと）とは無縁。

花期4〜7月。小花が密につく

茎は二又または数回分枝。4稜あり、稜に沿って白い毛がある。高さ15〜40cm ［4月］

果実　2片に裂開し、4個の種子が散る［10月］

キキョウソウ（キキョウ科）

Triodanis perfoliata

1年草。明治年間に観賞用に栽培もされたというが、1940年代から各地の芝生、空き地、道ばたなどに増えた。キキョウソウは桔梗草、別名ダンダンギキョウ。

成長の初期［5月］

茎は数本の稜があり、高さ20～50cm。葉は幅広く基部は茎を抱く［6月］

花期5～7月。葉腋に1～2個つく。閉鎖花も多い

果実　果実を包むがく筒に穴が開く

ふたが開き中に多数の種子が見える。"ビーナスの姿見"といわれるという

ヒナキキョウソウ（キキョウ科）

Triodanis biflora

1年草。1980年代に記録された。近年街なかの道ばた、空き地などに増えている。

果実上部の両面に穴が開く

茎は細く高さ20～60cm。葉腋に閉鎖花をつけ、先端部に開放花をつける。花期5～6月。葉は幅狭く基部は茎を抱かない

ヨモギ（キク科）

Artemisia indica var. *maximowiczii*

多年草。草原、林縁、放棄畑、空き地、道ばたなどに普通に生育。地下茎を横にのばし盛んに芽を出す。春の幼苗のころ摘み草にされ「もちぐさ」といわれる。夏から秋に茎が成長し、高さ1m前後になる。葉の裏に綿毛が密生し、これから艾を作る。

幼形　暖地では秋に茎が枯れるころすでに現れる［3月］

↓茎には稜があり、葉は互生

成長の途中。葉は粗く羽状に切れ込む［7月］

葉の形、羽片の幅はさまざまある。茎上部の葉は小さい

道路のすきまに生えたようす［5月］

葉の裏面に綿毛が密生する

ヨモギの花序
全体が大きな円錐状。
枝に頭花が密につく。
花期9〜10月

ヨモギの頭花
周りに雌性、中心に両性
の管状花

果実

ヨモギの果実
痩果に冠毛はない
[11月]

ヤマヨモギ(キク科)
（オオヨモギ・エゾヨモギ）

Artemisia montana var.*montana*

多年草。本州中部以北の山地や、東北・北海道の山地や平地に分布。草原、林縁、空き地、道ばたなどに生育。全体にヨモギより大形、高さ1.5〜2mに及ぶ。

花序
全体が大きな
円錐形。頭花
もやや大きい。
花期8〜9月

葉の形
ヨモギより大形、
裂片が少ない。
ヨモギと同じく
裏面には綿毛が
密生する

空き地に群生したようす [7月、北海道]

ブタクサ（キク科）

Ambrosia artemisiifolia

1年草。明治初期に渡来し昭和になって急速に増えた帰化植物。空き地、荒れ地、畑の周り、道ばたなどに生育。土地が攪乱されたところに先駆的に群生するが、群落の遷移が進むにつれて衰退する。花粉は8～9月に飛び花粉症の原因ともなる。ブタクサ（豚草）は英名のHog weedに基づく。

茎下部の葉は対生、上部は互生

茎は高さ1mほど。花期8～9月。全体に粗い毛が生える

雄頭花が穂状につく

基部葉腋に雌頭花がつく

花序
果実
総苞に包まれる

成長の初期［6月］

芽生え　4～5月ごろ

オオブタクサ(キク科)

Ambrosia trifida

大形の1年草。1950年代に渡来した帰化植物。荒れ地、川沿いのやや湿った地、道ばたなどに生育。山地の道沿いにも分布を拡げている。夏から秋にかけて花粉を飛散させ、花粉症の原因ともなる。葉の形から初めクワモドキと名づけられたが、オオブタクサ(大豚草)の方がふさわしい。

花序　ブタクサに似るがより大きい。花期8〜9月

川沿いに群生したようす。茎は高さ2mに及ぶ［8月］

葉は対生。3〜5深裂する。縁に鋸歯［8月］

芽生え　4〜5月ごろ

急速にのびる［7月］

雌花序

果実　総苞に包まれる

雄花序

111

オオオナモミ (キク科)

Xanthium occidentale

1年草。昭和初期に初めて記録がされたが、それ以前から渡来していたと思われる帰化植物。荒れ地、休耕地、川の堤防沿い、河川敷、道ばたなどに生育。ときどき大群生する。古くからあったオナモミはあまり見られなくなった。

芽生え [5月]

成長の初期 [5月]

川の土手に群生したようす。高さ70～100cmになる。葉は互生、3～5中裂、基部は浅い心形。表面ざらつく [9月]

雄頭花　雄花が球状に集まる

花期9～10月。上部に雄頭花、下部に雌頭花が集まる。雌花は総苞に包まれ、これが果苞(いが)になる

雌花

果苞の表面にかぎ状のとげが密生。先に嘴(くちばし)状の2突起。中に2個の果実 [10月]

花期9〜10月。葉は3浅〜中裂、縁に浅い鋸歯、表面ざらつく。基部は心形

オナモミの芽生え〔5月〕

■オナモミ類の果実の比較■

オナモミの果実 小形、とげが少ない／オオオナモミの果実／イガオナモミの果実

イガオナモミ（キク科）
Xanthium italicum

1年草。1950年代に記録された帰化植物。荒れ地、草地、空き地などに生育するがあまり多くはない。イガオナモミは果実の形から。

果実　果苞は大きく、表面やかぎ状のとげにさらに鱗片状の毛が密生

オナモミ（キク科）
Xanthium strumarium

1年草。古い時代の帰化植物と考えられるが近年は減少した。葉の鋸歯は浅い。果実もやや小形でまばらにつく。オナモミの語源は諸説ある。

葉は3浅〜中裂、縁に浅い鋸歯、表面ざらつく。基部は心形

ホウキギク（キク科）

Symphyotrichum subulatum var. *subulatum*

1年草または越年草。大正年間に渡来した帰化植物。湿った空き地や埋め立て地、干拓地、道ばたなどに生育。全体無毛。和名は箒菊の意味で、花序の枝の集まる形を箒に見立てたもの。

ヒロハホウキギク（キク科）

Symphyotrichum subulatum var. *squamatum*

1年草または越年草。1960年代に渡来した帰化植物。やや湿った空き地、荒れ地、道ばたなどに生育。全体無毛。ホウキギクより葉の幅がやや広いことから。

成長時のホウキギク［5月］

花序をつける枝は30〜50°に開出。花期8〜10月。高さ60〜120cm

成長初期のヒロハホウキギク［8月］

花序をつける枝は60〜90°に開出。花期8〜10月。高さ60〜120cm

ホウキギクの頭花。径5〜6mm。花後、冠毛がのびる

●**オオホウキギク** ホウキギクに似る。頭花の径12〜13mm

果実 冠毛は花時には目立たない

頭花の径8〜9mm

トキンソウ（キク科）

Centipeda minima

1年草。田やその周り、やや湿った空き地、庭などに生育。春から秋まで芽生え成長を繰り返す。花後の頭花を押すと黄色い果実が出るというので吐金草という説があるが、深津正は頭花の形からきた頭巾草ではないかとの見解を述べている。

茎は盛んに枝分かれし地面を低くはう。一部の節から根を下ろす。葉は小形、互生［7月、新潟］

芽生え［6月］

果期の頭花

← 花期7〜9月。頭花は葉腋につく。管状花だけで、周りが雌花、中心部は両性花

メリケントキンソウ（キク科）

Soliva sessilis

越年草。1930年ごろ渡来が確認されたが、近年各地の芝生や空き地などに見られる。果実はカブトガニのような形をし、鋭いとげがある。

全体が低くはい、頭花の位置も低い［5月、川上清撮影］

果実　鋭いとげが刺さるのでやっかい

タカサブロウ（キク科）

Eclipta thermalis

1年草。田のあぜ、湿った空き地や道ばたなどに生育。茎は下部で枝が分かれて広がる。全体がざらつく。タカサブロウの意味は不明。アメリカタカサブロウと区別してモトタカサブロウともいわれる。

アメリカタカサブロウ（キク科）

Eclipta alba

1年草。1940年代に渡来し、90年代にタカサブロウとは別種の帰化植物として区別された。タカサブロウに似て同じようなところに生育、都市近郊で増えている。全体がややせ形。

葉は対生。縁に浅い鋸歯がある［9月］

葉は対生。やや細い。花期8〜10月。頭花は径6〜7mm

タカサブロウの芽生え［10月］

頭花　花期7〜10月。径10mm。舌状花は2列。中央は若い果実

アメリカタカサブロウの熟した果実［10月］

果実
側面中央にこぶ状突起の列がある

果実
やせた形で、こぶ状突起が側面全体にある

ハキダメギク（キク科）

Galinsoga quadriradiata

1年草。大正年間の渡来とされる帰化植物。空き地、畑の中や周り、樹園地、庭、道ばたなどに広く生育。年に何回も発生を繰り返す。全体に軟毛がある。掃き溜め菊の名は牧野富太郎が最初に呼んだという。

茎は枝分かれを繰り返してのびる。高さ10〜60cm［6月］　　芽生え［6月］

頭花 花期6〜10月。径約5mm

果実→冠毛がある

花茎に腺毛がある

空き地に群生したようす［11月］

ノコンギク（キク科）

Aster microcephalus var. *ovatus*

多年草。野原、林縁、土手、道ばたなどに生育。秋に咲く野菊とされるものの一つ。地下茎を横にのばし、先に新しい芽をつくる。葉や花の形に細かい変異が多く、いくつかの変種や亜種の名がある。和名は野紺菊で、コンギクは栽培種。

茎は高さ50〜80cm［10月、長野］

春は茎が低く葉が集まる［4月］

葉の形
両面に硬い毛が密に生えざらつく

花期8〜10月。頭花の径25mm

頭花の断面
長い冠毛がある

果実
冠毛が目立つ

カントウヨメナ（キク科）

Aster yomena var. *dentatus*

多年草。野原、田のあぜ、湿り気のある空き地や土手、道ばたなどに生育。地下茎が横にのび新しい芽をつくって増える。関東から北に分布。ヨメナとユウガギクの雑種が起源とされる。

春は低く広がる[11月]

カントウヨメナ　花期8〜10月。頭花の径25〜30mm

ヨメナ（キク科）

Aster yomena var. *yomena*

多年草。中部以西に分布。田のあぜ、空き地や土手、道ばたなどに生育。葉の質は軟らかく春の若葉を摘み草にする。ヨメナ（嫁菜）の語源には諸説がある。

ヨメナ　花期7〜10月。頭花の径25〜35mm［9月、岐阜］

頭花の断面

果実
冠毛はほとんどない

カントウヨメナ（上）とヨメナ（下）の葉の形

119

アメリカセンダングサ（キク科）
Bidens frondosa

1年草。大正年間に渡来した帰化植物。田の中、あぜ、休耕田、湿った空き地や道ばたなどに生育。水田雑草として普通。果実はとげがあり衣服によく付着するが、水に流されても広まる。頭花の周囲の総苞片が目立つ。これが粘つき、ワッペンのようにつきやすい。

葉は対生、羽状複葉、先がとがり葉脈が明瞭［7月］

茎は4稜あり、暗紫色を帯びる。高さ1～1.5m。花期9～10月

芽生え［5月］

頭花はほとんど管状花からなる

田の中に群生したようす［8月］

総苞外片

果実　冠毛の変化した2本の鋭いとげがある

コセンダングサ（キク科）

Bidens pilosa var. *pilosa*

1年草。明治後期の渡来とされる帰化植物。荒れ地や空き地、畑の周り、道ばたなどに生育。頭花に白い舌状花のあるものをシロバナセンダングサ（コシロノセンダングサ）という。名前のようにセンダングサより小形ともいえない。

花期9〜11月。茎は4稜、高さ60〜100cm　　葉は対生、上部で互生。羽状複葉で小葉は3〜5

オオバナノセンダングサ（キク科）

Bidens pilosa var. *radiata*

シロバナセンダングサより頭花が大きく、舌状花が目立つ。暖地に生育するものは多年草化して年中咲いていて、アワユキセンダングサとも呼ばれる。

頭花
普通は管状花のみ

果実
先に3〜4本の鋭いとげがある

●シロバナセンダングサ
頭花に舌状花のあるコセンダングサの変種［10月］

茎は直立し、よく枝を分ける

センダングサ(キク科)

Bidens biternata var.*biternata*

1年草。荒れ地、空き地、畑の周り、道ばたなどに生育。葉は1～2回3出～羽状複葉。センダン(栴檀)の葉にたとえた名だが、あまりしっくりはしない。

花時には高さ60～100cm [10月]

葉→ センダンに似るというが…

頭花 ほとんど管状花、まれに舌状花がある

コバノセンダングサ(キク科)

Bidens bipinnata

1年草。大正年間に渡来した帰化植物。暖地の荒れ地や空き地、道ばたなどに生育。茎は枝分かれが多く、むらがった形になる。和名は小葉の栴檀草の意味。

花期8～10月

茎下部の葉は3回、上部は2回羽状複葉で裂片は細かい [8月]

頭花はやせ形 [10月]

果実 細くて先に3～4本のとげ [10月]

ベニバナボロギク(キク科)

Crassocephalum crepidioides

1年草。1950年代に暖地から増え出した帰化植物。林縁、伐採跡、荒れ地、道ばたなどに生育。ダンドボロギクに似て花が赤いため。

ダンドボロギク(キク科)

Erechtites hieraciifolius var.*hieraciifolius*

大形の1年草。1930年代に気づかれた帰化植物。林の伐採跡、林縁、荒れ地、空き地などに生育。ダンドは愛知県の段戸山のこと。ボロギクとは別属。

若い形 葉は互生、両面に伏した毛がある [7月]

下部の葉は羽状に切れ込む

茎は高さ60〜80cm。花期7〜10月。頭花は下向きに垂れる。葉の基部は茎を抱かない

頭花は管状花のみで先は橙赤色

若い形 [7月]

茎は直立。高さ80〜130cm。花期8〜10月。葉は縁に不揃いの鋸歯、ときに羽状に切れ込む。基部は茎を抱く。頭花は垂れない

←頭花は管状花のみで淡黄色

果実 冠毛が目立つ

ノボロギク（キク科）

Senecio vulgaris

越年草または1年草。明治の初めに渡来した帰化植物。畑、冬の田、空き地、道ばたなどに普通に生育。秋に芽生え越冬して開花することが多いが、それ以外の季節にも芽生え、暖地ではほぼ年中見られる。和名は野襤褸菊で、同属のボロギク（サワギク）は山間の湿ったところに生える。

茎は直立、多くの枝を分ける。高さ10〜30cm［5月］

頭花　管状花のみ　　果実　冠毛が目立つ　　　　　　　　　芽生え［5月］

芽生えてすぐに花をつける［2月］

畑に群生するようす［6月］

124

ナルトサワギク（キク科）

Senecio madagascariensis

多年草。1970年代ごろ気づかれた帰化植物。主に関西地方の荒れ地、空き地、埋め立て地などに生育。ときに群生。ナルトは徳島県の鳴戸から。

花期は春または秋、ときには冬も。頭花の径2〜2.5cm
［9月、大阪、豊原稔撮影］
果時には冠毛がのびる

葉の基部はやや茎を抱く。縁に浅い鋸歯
［9月、大阪、豊原稔撮影］

のり面に群生したようす。茎は根ぎわで枝分かれし大きな株をつくる。高さ50〜70cm ［9月、大阪、豊原稔撮影］

オオキンケイギク（キク科）

Coreopsis lanceolata

多年草。明治年間に導入、栽培されるが野生化。しばしば道路ののり面などに種子をまくことで大群生する。和名は大金鶏菊の意味。

茎は高さ30〜70cm ［5月］

葉は3〜5深裂

花期5〜7月。頭花径5〜7cm

オオハンゴンソウ（キク科）

Rudbeckia laciniata

大形の多年草。明治中期に観賞用として導入されたものが野生化した帰化植物。やや湿った原野、林床、林縁、河川敷、空き地、道ばたなどに生育。特に関東以北に多い。地下茎が横走して増え、しばしば群生する。ハンゴンソウ（反魂草）は山地に生える在来種。

茎の葉は互生、羽状に5〜7裂。高さ1〜2m［8月、北海道］

花期7〜9月。頭花6〜7cm。中心の管状花と周りの舌状花がある。果実は冠毛がない

地下茎

根生葉は長柄があり2回羽状に深裂する

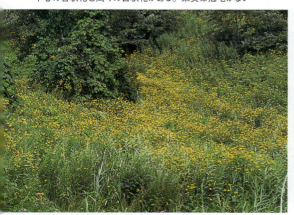
道路沿いの原野に群生したようす［8月、北海道］

● **ハンゴンソウ**　山地帯の林縁や湿った草原などに生育。オオハンゴンソウとは別属

キクイモ（キク科）

Helianthus tuberosus

大形の多年草。江戸時代後期に渡来した。明治以降いも（塊茎）を採るため栽培され、それが野生化し各地に増えた。荒れ地、畑の周り、河川敷、道ばたなどに生育。和名は菊芋。類似の野生種をイヌキクイモと呼んでいるが、地上部での区別は困難でここでは両種を含めてキクイモとしている。

茎の中部までは対生、上部は互生〔9月〕

花期8〜10月。高さ1〜2m

キクイモの花。中心に管状花、まわりにある舌状花は10〜20。舌状花の花冠の先端はわずかに3裂

地下茎の先端に塊茎（いも）ができ、食べられる。かつてはアルコールの原料とされたという〔10月〕

塊茎からの芽生え

道路沿いに群生したようす〔9月、長野〕

127

ハルジオン（キク科）

Erigeron philadelphicus

多年草または2年草。大正年間に渡来した帰化植物。空き地、林縁、田畑の周り、道ばたなどに広く生育。暖地の平地ではヒメジョオンより多い。種子あるいは細い地下茎からの芽によってロゼットをつくる。ロゼットは踏みつけにも耐え、空き地をおおうことがある。和名は春紫苑でハルジョオンではない。

芽生え

↓ロゼット　年間を通じて見られる。根生葉は柄がはっきりせず、形の変化もある。白い毛が密生

茎は中空、葉の基部は茎を抱く

高さ50〜80cm。花期4〜5月

頭花はつぼみのとき下に垂れる［5月］

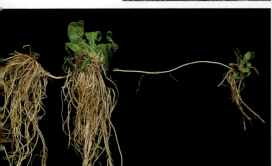

ロゼットの地下での連絡

道路沿いの空き地に群生するようす［5月］

ヒメジョオン(キク科)

Erigeron annuus

越年草ないし2年草。明治初期に渡来した帰化植物。草原、休耕地、空き地、道ばたなどに広く生育。春から秋まで芽生えロゼットをつくる。ロゼットで過ごす期間には幅がある。春から夏にかけて茎を立て開花する。ときには秋にも成長開花する。和名は姫女苑の意味。

高さ60〜120cm。花期5〜7月、ときに秋

芽生え[11月]

頭花はつぼみのとき垂れない[6月]

ロゼット　根生葉は柄がはっきりしている。毛はまばら[4月]

茎は中実、葉の基部は茎を抱かない

道ばたに群生するようす[6月]

地下部　主根は短い

ヘラバヒメジョオン (キク科)

Erigeron strigosus

2年草ないし越年草。大正年間に渡来した帰化植物。ヒメジョオンに似るが全体がやややせ形。都市近郊には少なく、しばしば山地の草原、道沿いなどに入り込む。根生葉は狭長でへら形、低い鋸歯がある。山地ではロゼットで過ごす期間が長く、ときに3〜4年に及ぶという。

草原内のロゼット。根生葉はへら形 [7月、長野]

葉はヒメジョオンよりも細く、鋸歯が目立たない

茎は高さ50〜100cm。花期6〜8月。頭花はやや小形 [7月、長野]

ススキ草原内に群生するようす [7月、長野]

ヘラバヒメジョオン（左）とヒメジョオン（右）[5月]

アレチノギク（キク科）

Conyza bonariensis

越年草または1年草。明治初期に渡来し全国的に広まった帰化植物。畑、街なかの空き地や道ばたなどに生育するが、オオアレチノギクなどに比べて少なく、局所的に見られる。全体はやせ形で灰白色の毛が多い。和名は荒れ地野菊の意味。

主軸は途中で止まり、数本の枝が斜めにのびる。花期5〜11月。茎の葉は鋸歯がない

頭花はやや大きい。管状花と多数の舌状花があるが目立たない［6月］

果実　冠毛は長く全体が灰白色の毬状［6月］

根生葉は幅狭く、羽状に深く切れ込む［3月］

土の硬いところでは全体がやせ形［8月］

オオアレチノギク (キク科)

Conyza sumatrensis

大形の越年草ないし2年草、ときに1年草。大正年間に渡来し全国的に広まった帰化植物。荒れ地、休耕地、草地、道ばたなどに多く生育。普通は発芽後ロゼットで過ごす期間が長く、生育期間は1年を越える。ときには短期間で生活環を終える個体もある。

ロゼット　根生葉には粗く低い鋸歯。白毛が密生

芽生え〔5月〕

全体に白毛が密生

頭花　少数の管状花と多数の舌状花がある。舌状弁は目立たない

花期8〜10月。花序は大きな円錐状。枝に頭花をつける

夏期には高さ1〜1.8mになる。果実は冠毛がのび風で飛散する

ヒメムカシヨモギ(キク科)

Conyza canadensis

大形の越年草ときに1年草。明治初期に渡来し急速に全国に広まった帰化植物。鉄道草と呼ばれたのはその分布拡大のようすを表している。空き地、休耕初期の畑、芝地、道ばたなどに多く生育。攪乱された土地に先駆的に入り込み群生する。ムカシヨモギは本州中部や北海道の山地に生育する。

ロゼット　根生葉は縁に鈍い鋸歯、まばらに長毛

芽生え

開出毛が散生する

→ヒメムカシヨモギとオオアレチノギクの混生。夏期には 高さ1〜1.8mになる [8月]

頭花
やや小さく、細かくつく。白い舌状花が見える

成長の途中 [6月]

夏期8〜10月。花序全体は円錐〜円筒状

ハハコグサ(キク科)

Pseudognaphalium affine

越年草ときに1年草。畑、休閑田、あぜ、空き地、庭、道ばたなどに広く生育。全体が白い軟毛におおわれる。もともとはハハケルを語源とするホウコグサで、それがハハコと呼ばれるようになったといわれる。したがって母子草は当て字ということになる。

冬越しの形 春の七草の御行(おぎょう)はこれをいう〔12月〕

芽生え〔12月〕

茎が数本立ち高さ20〜30cm。上端に頭花が密に集まる。花期3〜5月、ときに夏も

頭花 両性花の周りに雌花がある

チチコグサ(キク科)

Euchiton japonicus

多年草。芝地、土手、空き地などに生育。母子草に対してより野草的な感じがするので父子草とした。

葉は線形、下面は白色。ほふく枝を出して株を増やす〔4月、石川〕

花期6〜9月。高さ10〜15cm。頭花は密集。その周りの苞葉が目立つ

ウラジロチチコグサ（キク科）
Gamochaeta coarctata

2年草または越年草、ときに1年草。1980年ごろの渡来と思われる帰化植物。その後各地に急速に広がり、空き地、芝地、庭、グラウンド、道ばたなどに多く生育。発芽後地面に密着したロゼットをつくり、踏みつけに耐え草刈りからも免れやすい。葉の裏が特に白いのでついた名。

ロゼット
発芽時の差により大小がある［上；9月、右；3月］

果実　冠毛がある［6月］

低く広がる形。大形のロゼットから数本の茎を出す［5月］

花期4〜7月。茎は斜上か直立。高さ10〜30cm。茎上部の葉腋に頭花がつき全体が穂のようになる。総苞は褐色

135

チチコグサモドキ (キク科)

Gamochaeta pensylvanica

1年草または越年草。大正年間に渡来した帰化植物。空き地、花壇、畑、道ばたなどに生育。発芽期に幅があり成長もまちまち。全体が白い軟毛でおおわれる。

茎は高さ20〜60cm [9月]

果実 冠毛は柄がない

頭花は葉腋にかたまってつく [5月]

根生葉はへら形。下面の方がより白い [11月]

芽生え

タチチチコグサ (キク科)

Gamochaeta calviceps

越年草または1年草。大正年間に渡来し近年増えている帰化植物。空き地や道ばたなどに生育。葉は線状で先はとがり白い綿毛が生える。

花期5〜9月。茎上部の葉腋につく [6月]

果実 冠毛は柄がない

茎は下部で分かれむらがって立つ。高さ20〜50cm [6月]

136

コウゾリナ (キク科)

Pieris hieracioides var. *japonica*

越年草。荒れ地、空き地、林縁、土手の斜面、草地などに生育。平地から山地まで広く分布する。茎や葉全体に短くて硬い毛が密生し、たいへんざらつく。それが剃刀あるいは顔剃りの意味のコウゾリナになったのであろう。

ロゼットの形は変化があるが、いずれも根生葉の縁に細かい鋸歯がある [上;11月、下;4月]

茎の表面に硬い毛が密生

花期5〜9月。頭花は舌状花のみ

茎は直立、途中から多くの枝を分ける。高さ50〜80cm [5月]

ノゲシ (キク科)

Sonchus oleraceus

越年草または1年草。田畑の周り、空き地、道ばたなどに普通に生育。冬越しのロゼットをよく見るが、暖地では年中発芽し成長する。葉がケシを思わせるというのでついた名であろうが、ケシの仲間ではないのでまぎらわしい。ハルノノゲシということもある。

ロゼット。根生葉は羽状に深裂、形に変化が多い [11月]

←芽生え [5月]

花期4～7月、ときに秋。頭花は舌状花のみ

果実 冠毛がある [5月]

茎は中空、稜が目立つ。高さ60～90cm [9月]

葉の基部は茎を抱き、後方に突き出る

果実 表面に縦の稜と微細な横しわがある

オニノゲシ（キク科）

Sonchus asper

越年草ときに1年草。明治年間に渡来した帰化植物。空き地、田畑の周り、道ばたなどに生育。普通はロゼットで越冬するが、春から芽生え急速に成長することもある。ノゲシよりも葉縁のとげが著しいので鬼とした。ノゲシとの中間のような個体もありアイノゲシという。

根生葉は羽状に深裂し先は鋭いとげになる［11月］

芽生え［12月］

花期5〜7月、ときに秋。頭花は舌状花のみ

果実 冠毛がある［10月］

果実 表面に縦の稜があるが横しわはない

茎は中空、稜が目立つ。高さ60〜100cm［5月］

葉は縁に鋭いとげ、基部は茎を抱き円形になる

アキノノゲシ（キク科）
Pterocypsela indica

越年草ときに1年草。田畑の周り、荒れ地、道ばたなどに生育。葉は羽状に深く切れ込み、裂片の先は鋭くのびる。主に春に咲くノゲシに対して秋に咲くのでアキノノゲシとしたが別属である。葉が細くて切れ込みのないものをホソバアキノノゲシともいう。

ロゼット〔4月〕

茎の葉は基部がやや茎を抱く

葉が細くて切れ込みのないものもある

花期9〜10月。頭花は舌状花のみ。高さ80〜130cm

根は太く2又に分かれる〔5月、長野〕

果実　長い冠毛がある〔10月〕　　頭花は秋の野に目立つ〔10月〕

トゲヂシャ（キク科）

Lactuca serriola

越年草または1年草。1950年ごろ渡来した帰化植物。北日本によく見られるが、他の各地にも生育。街なかの空き地、荒れ地、畑、道ばたなどに生育。葉に切れ込みのないものをマルバトゲヂシャともいう。栽培のチシャ（レタス）の原種といわれる。

茎は高さ1～1.5m。葉の基部は張り出し茎を抱く［7月、長野］

ロゼットからの成長。茎、葉の縁、下面の葉脈などに硬いとげがある［6月、山形］

葉に切れ込みのない型もある［6月、長野］

花期7～8月。多くの枝が張り出し頭花をつける

頭花は舌状花のみ［9月、山形］

果実　長い冠毛がある［8月、長野］

セイタカアワダチソウ (キク科)
Solidago altissima

大形の多年草。最初に渡来した時期ははっきりしないが、1950年代から急激に増え各地に広まった。休耕地、荒れ地、河川敷などに群生し高さ2mを越える群落をつくったが、近年都市周辺では減少傾向にある。アワダチソウ(泡立ち草)はアキノキリンソウの別名という。

地下茎が横走し芽を出す [4月]

芽はロゼット状になり越冬する [4月]

春から夏に成長が著しい [5月]

花期10〜11月。花序全体は大きな円錐状

果実は汚白色の冠毛を持ち、穂全体が泡立つようだとされた [11月]

↓頭花　舌状花10数個、管状花数個

枝に頭花が密につく [10月]

オオアワダチソウ(キク科)

Solidago gigantea subsp. *serotina*

多年草。明治年間に観賞用に栽培されたが、野生化し各地に広まった。特に東北地方や北海道に多い。原野、林縁、荒れ地、道ばたなどに生育。セイタカアワダチソウに似るがやや小形。地下茎をのばして繁殖。越冬時に根生葉は見られず春になって急速に成長する。

地下茎が発達。芽をつくる〔9月、福島〕

花期7〜9月。花序全体は円錐形でやや小形。高さ1〜1.5m。枝の先が曲がる

成長初期〔4月、北海道〕

セイタカアワダチソウより茎はやや細い〔7月、北海道〕

■セイタカアワダチソウとオオアワダチソウの比較■

← セイタカアワダチソウの葉は縁に低い鋸歯があり両面ざらつく

→ オオアワダチソウの葉はざらつかない

セイタカアワダチソウは茎に毛が多い

→ オオアワダチソウの茎は無毛

ブタナ（キク科）

Hypochaeris radicata

多年草。昭和の初期に渡来した帰化植物。牧草地、芝地、土手の斜面、空き地、造成地、道ばたなどに生育。近年各地に広まり、ときに大群生する。ブタナ（豚菜）はフランス語の俗名（salade de porc）に基づくという。別名タンポポモドキ。

根生葉は地面に密着、両面に短くて硬い毛が密生［12月］
芽生え［4月、愛知］
頭花は舌状花のみ［8月］

花期4〜9月。茎は枝分かれして立ち、高さ50〜80cm。先に頭花をつける

河川敷に群生したようす［6月、山形］

果実　表面に微細な突起が密生。長い冠毛がある［7月］

セイヨウタンポポ (キク科)

Taraxacum officinale

多年草。明治年間に渡来し、全国に分布を広げた帰化植物。人による土地攪乱のあるところには最も普通に生育。ロゼットは踏みつけに耐える。果実が赤みを帯びる種をアカミタンポポという。近年在来種との雑種と思われるものが増加している。

芽生え

ロゼット
葉は羽状に
切れ込むが
変化に富む
[上；9月、
下；3月]

総苞外片は反り返る

花期4〜6月が多いが他の季節にもよく見られる

雑種型の頭花
総苞片の形が不規則 [6月]

太い根があり、上部で株を分ける [4月]

果実 冠毛が発達 [5月]

公園の踏まれるところに群生するようす [5月、長野]

145

在来種のタンポポ類

カントウタンポポ（キク科）
Taraxacum platycarpum subsp. *platycarpum*

葉の切れ込みはやや大まか。頭花の舌状花は数が少なくやや淡黄色。総苞外片は内片の半分ほど、反り返らず上端に角状突起がある。関東～東海地方に分布。

花期3～5月

畑に群生したカントウタンポポ

カンサイタンポポ（キク科）
Taraxacum japonicum

全体にやせ形で、頭花の総苞も細い。角状突起はほとんどない。関西以西・四国に分布。

花期3～5月 [4月、大阪、左上は滋賀]

トウカイタンポポ（キク科）
Taraxacum platycarpum f. *longeappendiculatum*

全体やや大きい。頭花の総苞外片は内片の半分より長く、角状突起がある。紀伊半島・東海地方から関東の沿岸に分布。ヒロハタンポポともいう。

花期3～5月

空き地に群生したようす [4月、愛知]

エゾタンポポ(キク科)

Taraxacum venustum

総苞はやや平たくて外片は幅広い卵形、角状突起はない。中部地方〜関東以北に分布。

花期4〜6月［4月、山梨］

シロバナタンポポ(キク科)

Taraxacum albidum

葉や茎は大きくなる。花冠は白色。総苞外片に角状突起があり斜めに開く。関東以西に分布、人家周辺に多い。

花期3〜5月

コウリンタンポポ(キク科)

Pilosella aurantiaca

多年草。もとは観賞用に導入されたというが、主に北海道や東北地方に帰化し、道ばた、空き地、草地などに生育。コウリンは光輪の意味で頭花の模様からだが、タンポポ属ではない。

茎は高さ10〜30cm。花期7〜8月。頭花径15mm

ほふく茎をのばし、ロゼットをつくる。剛毛が密生しざらつく［7月、北海道］

空き地に群生したようす［7月、北海道］

147

ジシバリ（キク科）

Ixeris stolonifera var. *stolonifera*

多年草。畑の周り、林縁、空き地などに生育。夏季に葉を落とすがほぼ年中見られる。長い茎が地面をおおうように広がるので地を縛るとした。別名イワニガナ。

根生葉を広げたロゼットをつくり、これからほふく茎をのばす

果実
長い冠毛がある［5月］

↓空き地に群生したようす［5月］

花期4〜6月。長い柄を立て頭花をつける。舌状花のみ。葉は長い柄があり、質は軟らかい

オオジシバリ（キク科）

Ixeris japonica

多年草。田のあぜ、畑のまわり、やや湿った空き地などに生育。茎は地をはって広がる。ジシバリより全体に大形。

葉は長い柄があり、へら形［3月］

花期4〜6月。長い柄の先にやや大きな頭花をつける

オニタビラコ（キク科）

Youngia japonica

越年草または1年草。畑の周り、空き地、土手の斜面、道ばたなどに生育。暖地では周年見られる。茎や葉が緑色のものをアオオニタビラコ、赤みを帯びているものをアカオニタビラコとする考えもある。

頭花は次々に開く。果実には短い冠毛がある［5月］

花期4〜6月。茎は直立し、30〜90cm。茎につく葉は小形で少数

茎が赤いもの。枝分かれが多く茎の葉も多い［5月、甲府］

芽生え［4月］

ロゼット　根生葉は密に出る。葉は羽状に深裂［3月］

149

ヤブタビラコ（キク科）

Lapsanastrum humile

越年草。林縁や道ばたの半日陰のところに生育。全体が軟弱に見える。茎は細くて枝分かれし斜めに立つ。和名は藪田平子の意味。

林縁部に生えるヤブタビラコ［5月］

頭花　小形で舌状花のみ。花後下を向く［5月］

果実
冠毛はない
［5月］

タビラコ（コオニタビラコ）（キク科）

Lapsanastrum apogonoides

越年草。水田などにロゼット状で越冬し、耕起前に成長開花する。近年は少なくなった。タビラコは田平子でロゼット状の表現。春の七草のホトケノザは本種を指すという。

水田の刈り株の間に生えたタビラコ［3月］

低い姿勢のロゼットから短めの花茎を立てる［3月］

花期は3〜4月。舌状花のみ

コシカギク（キク科）
Matricaria matricarioides

1年草。主に北海道や東北の海岸近くの道ばた、空き地などに生育、他の地域にも広まる。全体無毛。強い香りがある。和名は子鹿菊の意味で、帰化種と見なされる。別名オロシャギク。

花期6〜9月。頭花は管状花のみ

茎は枝分かれし低く広がる。葉は2〜3回羽状に細裂［7月、北海道］

舗装のすき間にも生育する［7月、北海道］

マメカミツレ（キク科）
Cotula australis

1年草。1940年ごろに記録された帰化植物。近年街なかの空き地、植えマス、道ばたなどに増えている。葉や茎に軟毛がある。牧野によればカミツレはオランダ語Kamilleに基づくという。

茎は枝分かれし低く広がる。高さ5〜20cm［4月］

成長の初期［4月］

頭花は管状花のみ。冠毛はない［6月］　　花期4〜5月。頭花は1個ずつつく。葉は互生、2回羽状に細裂

タカサゴユリ（ユリ科）

Lilium formosanum

多年草。1920年代に台湾から観賞用に導入された。高速道路ののり面、客土された空き地、住宅地などに野生化が見られる。群落を形成する場合も多い。鱗茎と種子で繁殖し、分布が急激に広がったり、突然消えたりする。

花期7月〜9月、茎の先端に1〜数個の花をつける。花被片6、雄しべ6［8月］

果実を切ると中に種子がある。種子には翼があって風で飛ぶ［11月］

地下の鱗茎［8月］

鱗茎からの芽生え［8月］

 コラム　**新しい分類でユリ科の植物はどうなったの？**

　DNA情報に基づいた植物のAPG分類が広まりつつある。図鑑などの表記もこちらに変わっているものが増えている。形態による旧分類（新エングラー体系）は人為的な要素が多く、進化や系統を正しく反映していないのではないか、との見地から、新分類が提唱された。

　その中で、ユリ科は大きく改編された。なんと12科に分割され、さらに、他の科に移されたものもある。本書で扱っている植物も、タカサゴユリ、アマナはユリ科のままだが、ノビルはヒガンバナ科（ネギ科）に、ツルボはキジカクシ科（クサスギカズラ科）となった。

　このほか、今までユリ科とされていた主な植物を新しい科名で分けてみると…

ユリ科	ヤマユリ、ホトトギス
イヌサフラン科	ホウチャクソウ
サルトリイバラ科	サルトリイバラ
ススキノキ科	ヤブカンゾウ
キジカクシ科	ナルコユリ、ギボウシ、リュウゼツラン
シュロソウ科	ショウジョウバカマ

　これらの分類も確定されたわけではないので、しばらくは戸惑うことがあるかもしれない。

　分類法が変わっても、種の標準和名が変わったわけではないので、今までのように楽しく付き合っていくことにしよう。

（注）APGとは研究機構Angiosperm Phylogeny Groupの略。

ツルボ（キジカクシ科／ユリ科）

Barnardia japonica var. *japonica*

多年草。土手の草地、明るい林縁、芝生、空き地などに生育。地下に卵球形の鱗茎があり、春早くこれから数枚の葉を出す。夏に葉は枯れ、秋にまた現れて花を咲かせる。スルボともいうが意味ははっきりしない。深津正によれば古くはスミラといい救荒植物とされたという。

花は下から咲き上がる。花被片6、雄しべ6

若い果実 [10月]　熟して裂けた果実 種子は細かくて黒色 [12月]

↑秋の形　対生する葉の間から茎を立て花序をつける。花期8〜9月。高さ20〜30cm

春の形 葉は厚い線形 [3月]

地下の鱗茎 黒褐色の皮で包まれる [3月]

畑のわきに群生したようす

153

ノビル (ヒガンバナ科／ユリ科)

Allium macrostemon

多年草。土手の草地、空き地、畑の周り、道ばたなどに生育。しばしば群生する。道路のグリーンベルトなどにもよく生える。地下に球形の鱗茎があり、晩秋に細い葉を出し越冬する。春には新しい葉が成長し、摘み草にされる。ニラに似た特有の臭いがある。和名は野蒜の意味。

花序は初め総苞に包まれる　　総苞の内部

花は散形に密集。花被片6、雄しべ6。種子はできない。花序の間にむかご（珠芽）ができ、落ちて繁殖する

花期4〜6月。鱗茎から茎を立て、先に花序をつける。高さ40〜60cm。葉は中空、断面は三日月型

地下の鱗茎 [11月]

土手に群生したようす [3月]

ヒガンバナ（ヒガンバナ科）

Lycoris radiata* var.*radiata

多年草。古い時代に大陸から渡来したと考えられている。田の周り、林縁、土手、空き地、農道沿いなどに生育。街なかに植えられることもある。地下に球形の鱗茎があり、有毒であるが、昔はさらして救荒植物として利用したといわれる。和名は秋の彼岸ごろ咲くことから。別名マンジュシャゲ。

花被片6、雄しべ6、雌しべ1。種子はできない

花後、葉が現れる
［10月］

冬季の葉 晩春に枯れる
［10月］

花期9月。このとき葉はない

地下の鱗茎が分離して増える
［10月］

河川敷に群生するようす
［9月、岐阜］

155

ニワゼキショウ(アヤメ科)
Sisyrinchium rosulatum

多年草。明治年間の渡来とされる帰化植物。芝生、草地、庭、空き地、道ばたなどに広く生育。葉は平たく、根ぎわから叢生する。和名は庭石菖の意味、セキショウはショウブ科の植物であるが、葉がそれを思わせるというのでついた名。

低く葉を広げた形 [4月]

花被片6、色の変化がある。雄しべ3　　子房下位。果実は径3mm前後

花期4〜6月。2個の苞の間から細い柄を出し、数個の花をつける

茎は根ぎわから数本立ち、平たくてごく狭い翼がある。葉の基部は葉鞘となって茎を巻く。高さ15〜20cm [5月]

オオニワゼキショウ（アヤメ科）

Sisyrinchium sp.

1年草ないし越年草。帰化植物。空き地、芝地などにニワゼキショウとともに生育。葉は根ぎわから叢生。

花被は平らに開かない。雄しべ3でやくは合着しない

茎は多数がむらがって立つ。高さ20〜30cm。狭い翼がある。花期4〜6月

オオニワゼキショウの果実 径5mm前後。熟すと裂開して種子を出す

ルリニワゼキショウ（アヤメ科）

Sisyrinchium angustifoliun

越年草ないし多年草。帰化植物。草地や道ばたなどに生育。茎に翼が目立ち幅3〜4mm。別名アイイロニワゼキショウ。

雄しべ3で、やくは合着、その間から雌しべが出る

花期5〜7月。花被片はるり色で先はのぎ状にとがる

ツユクサ（ツユクサ科）

Commelina communis var.*communis*

1年草。畑やその周り、田のあぜ、空き地、道ばたなどに普通に生育。茎は枝分かれして下部は地面をはい、先は斜めに立ちよく繁る。ツユクサは夏の朝露を受けて咲くようすからか。古名ツキクサは花の汁で布を刷り込んだことによる。

はう茎の節から根を下ろす。上部は立ってむらがる〔7月〕

芽生え〔4月〕

花期6〜10月。大きな苞の間から1個ずつ咲く。花弁3個、うち2個が大きい。雄しべ6、うち2本が長い

果実
多肉で3、4個の種子〔9月〕

葉の基部は葉鞘になる

道ばたに群生するようす〔9月〕

マルバツユクサ（ツユクサ科）

Commelina benghalensis

1年草。暖地（関東南部以西）の畑、空き地、道ばたなどに生育。春から秋まで長期間現れる。葉は卵形、ツユクサより丸みがある。

全体に短毛が密生。葉の縁は波打つ。茎は地表あるいは地下を長くはって広がる［9月］

枝を地中にのばし閉鎖花をつける［8月］

花期5〜10月。花はツユクサより小形。1個の花序に2個同時に花をつけることが多い［9月］

トキワツユクサ（ツユクサ科）

Tradescantia fluminensis

多年草。観賞用が逸出、暖地の林縁、人家の周り、道ばたなどに増えている。全体がやや多肉。別名ノハカタカラクサ。ムラサキツユクサと同属。

人家近くの林縁などに群生。花期5〜7月

茎は枝分かれして地面をはい節から根を下ろす［12月］

花弁3で同大。白色

クサイ（イグサ科）

Juncus tenuis

多年草。田畑の周り、やや湿った空き地、農道などに生育。オオバコと同じように種子はぬれると付着しやすく、人の足について広まる。踏みつけのある広場や路上に群生する。湿地に生えるイの仲間で、細い葉が目立つことから草蘭とされた。

空き地に群生したようす [3月]

花期6〜9月。長い苞葉があり、わきから枝を出して花序をつける。葉は茎の下部につき細い線形、下部は葉鞘となる

花序→
緑色の花被片6個、
雄しべ6

果実、
球形、
熟すと褐色

短い地下茎があり、細い茎が叢生する [4月、名古屋]

●イ（イグサ）　湿地に生える多年草 [7月、長野]

早春の若い株〔2月〕

スズメノヤリ（イグサ科）

Luzula capitata

多年草。日当たりのよい草地、土手、芝生、庭などに生育。ごく短い地下茎でつながった塊状の株をつくる。冬は枯れ春早く新しい葉を出す。細い茎を立て先に頭状の穂をつけるが、そのようすを毛槍に見立てた。全体が小柄なのでスズメを冠した。

芽生え〔3月〕

葉の縁に白い毛が密生する。
基部は葉鞘になる。
茎の高さ10～15cm。
花期3～5月。
2、3個の苞葉があり、
そのわきに花序をつける

スズメノヤリの花序
雌しべが先に出て雄しべがあとから出る
（雌性先熟）。
花被片6、雄しべ6、雌しべ1

柱頭が先に現れ…

その後からやくが現れる

果実　種子は3個

スズメノカタビラ（イネ科）

Poa annua var. *annua*

越年草または1年草。冬の田畑や農道、空き地、樹園地、道ばたなどに普通に生育。グラウンドや公園などにも群生する。ひげ根が発達し、踏みつけにもよく耐える。カタビラ（帷子）は一重の衣のこと。小形の穂の形をこれにたとえたもの。

全体がやや黄緑色で無毛。茎は平たく、根ぎわで多くに分かれて株をつくる。葉の先は上面が軽くへこむ［2月］

多くは秋に発芽、冬を越す［3月］

花は朝早い時間に開く

小穂は平たい卵形、4〜6小花

数本の枝を広げ小穂をつける。花期2〜5月。高さ10〜20cm

ツルスズメノカタビラ（イネ科）
（アオスズメノカタビラ）

Poa annua var. *reptans*

明治以降の帰化植物とみなされる。空き地や道ばたなどに群生し夏まで見られる。やや大形で青緑色を帯びる。穂の枝にまばらにとげがある。茎の下部がはい、根を下ろすことがある。スズメノカタビラとの区別はむずかしい。

空き地に群生するようす［4月］

スズメノテッポウ（イネ科）

Alopecurus aequalis

越年草。冬から春の水田に群生するが、冬の乾田化にともない減少した。畑の周り、空き地、道ばたなどにも生育。乾いた地に生えて穂がやや小形、のぎが目立たないものをノハラスズメノテッポウとすることもある。テッポウ（鉄砲）は穂の形をたとえたもの。

耕起前の水田に群生したようす [4月]

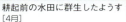
春に茎や葉は立ち上がる。
花期3〜5月。
高さ20〜40cm。

秋に芽生える

小穂が密集。小穂は1小花のみ。のぎが外に出ている。右はやや細くのぎが目立たない穂

果実
多くは水田
耕起までに
熟す

早春の形 [3月]

オオスズメノカタビラ（イネ科）

Poa trivialis subsp. *trivialis*

多年草。明治年間に牧草として導入。広く野生化し、道ばた、空き地、草地などに生育。短いほふく枝を出し茎は株立ちする。高さ50〜100cm。

花期5〜7月。葉鞘を上向きにこするとざらつく

葉舌は膜質、高さ5〜10mm。先は三角状にとがる

穂は円錐状。節から数本の枝。先の方に小穂。小穂には2、3個の小花がある [5月]

ハルガヤ（イネ科）

Anthoxanthum odoratum subsp. *odoratum*

多年草。明治初期に牧草として導入。各地に広く野生化し草地、空き地、道ばたなどに生育。全体に光沢があり乾くとクマリンの香りがする。

茎は多数叢生し、高さ50〜70cm。花期4〜5月

穂は小穂が密につく。小穂は3小花があるが、うち1花だけが完全 [5月、長野]

小花から柱頭が長く突き出る。雄しべは後からのびる [5月、長野]

小穂が2列に並ぶ

小穂は数個の小花からなる

オヒシバ（イネ科）
Eleusine indica

1年草。畑やその周り、農道、空き地、グラウンド、道ばたなどに普通に生育。全体が丈夫で踏みつけにも耐え、舗道のすき間に小形になって生えるものもある。雑穀のシコクビエに似ている。オヒジワともいう。深津正はヒエシバ（稗芝）からヒジワになり、強壮の方に雄がついてオヒジワになったと推測する。

花期8〜10月。数本の枝穂を出す。
土の軟らかいところでは50〜60cmになる

芽生え

若い形　光沢がある。茎や葉は扁平、葉は中央脈で折れ込む

土の硬いところに生えたもの。茎が低く広がる［7月］

メヒシバ（イネ科）

Digitaria ciliaris

1年草。畑やその周り、農道、空き地、道ばたなどに広く生育。休耕初期の畑や撹乱された土地などを一面におおうことがある。夏の雑草として最も普通。メヒジワともいう。オヒシバにくらべ全体が軟らかいので雌とした。ハグサ・メシバなど地方名も多い。

花期7〜9月。数本の枝穂が出て小穂をつける。小穂は2小花あるが1小花のように見える

茎の下部は地をはい、節から根を下ろす。高さ50〜60cmになる［8月］

芽生え→［5月］

小穂は2個ずつが並ぶ。先がとがり縁に白い毛が並ぶ

小穂には1果実ができる。果実はごく小さい

成長の初期

葉鞘には粗い毛が密に生える

農道に群生したようす［10月］

アキメヒシバ（イネ科）
Digitaria violascens var. *violascens*

1年草。畑やその周り、芝地、空き地、道ばたなど、メヒシバと同じようなところに広く生育。メヒシバよりやや遅く現れ晩秋に及ぶ。

花期8〜10月。数本の枝穂が出る。
全体に紫褐色を帯びるものがある

葉や茎はやや細く、葉鞘はほとんど無毛

小穂は卵状楕円形で　　　　小穂の表面に短毛がある
先はとがらない

コメヒシバ（イネ科）
Digitaria radicosa var. *radicosa*

1年草。空き地や庭、道ばたなどに生育。全体が小形で葉が細い。細い茎が地をはい節から根を下ろす。葉鞘の毛はまばら。

花期8〜10月。
茎が地をはい、除去しにくい

葉鞘　毛はまばら　　　枝穂は2〜3本

小穂は2個ずつつく。　　　小穂の表面に微毛
披針形で先はとがる

167

エノコログサ（イネ科）

Setaria viridis

1年草。畑、農道、空き地などに生育。街なかの道ばたにも多い。初夏から目立つようになり、夏の普通の雑草の一つ。エノコロは犬ころの意味。ネコジャラシともいわれる。この穂に猫がよくじゃれつく。

花期7〜9月。穂全体が柔らかい感じ

苞えいが長い　刺毛

小穂は2小花のうち1個が退化、1小花になる。苞えいが長くて小花のえいを被い、基部に長い刺毛がある

茎は根ぎわでよく分かれ、むらがって立つ。高さ30〜50cm。葉面は無毛、葉鞘の縁に毛がある［7月］

芽生え［7月］

空き地に群生したようす

葉は途中でねじれ、上下の面が逆になる。表面にまばらに毛がある〔8月〕

アキノエノコログサ（イネ科）
Setaria faberi

1年草。畑、農道、荒れ地、空き地、街なかの道ばたなどに普通に生育。エノコログサよりやや遅れて現れ秋まで続く。全体がやや大形であるが、ときに穂の長大なものがある。渡来した種子から増えたと思われるものもある。

花期8〜10月。小穂は粗くつき、全体が湾曲する

苞えいがやや短い

小穂は1小花のうち1個が退化、1小花になる。苞えいが短くて小花のえいが半ば現れる。基部に長い刺毛がある

刺毛

オオエノコロ（イネ科）
Setaria × pycnocoma

エノコログサとアワとの雑種とされるが、形に変化が多く、エノコログサの変異とする説もある。近年空き地や道ばたに増えている。

穂は直立したり湾曲したりする。ときに大形になる〔8月〕　　穂には小枝が密に出てそれに小穂がつく

キンエノコロ（イネ科）
Setaria pumila

1年草。草原、土手、芝地、空き地、道ばたなどに生育。エノコログサより遅く現れ、秋に黄金色の穂をそろえる。

道路わきに群生したようす［9月］

茎は根ぎわでよく分かれむらがって立つ。葉はやや狭く、葉舌に短毛の列［9月］

苞えいは短い　　刺毛は黄金色

小穂の苞えいは短く小花のえいがほとんど見える

穂は直立し、5〜10cm［9月］

キンエノコロの花　未明のころに開く［10月］

●コツブキンエノコロ

キンエノコロに似て、同じようなところに生育。穂は8〜15cmとすこし大きめだが、小穂はやや小さい。刺毛は汚褐色。見分けるのはむずかしい［9月］

イヌビエ（イネ科）

Echinochloa crus-galli var. *crus-galli*

1年草。田や畑の中、あぜ、農道、空き地、グラウンド、道ばたなどに広く生育。メヒシバやエノコログサなどとともに夏の雑草として普通。作物であるヒエ（稗）と近縁であるが、こちらは雑草なので犬稗とされた。全体小形で、のぎの短いものをヒメイヌビエともいう。

成長の途中［5月］

穂の一部
赤いのは雌しべの柱頭

イヌビエの穂　多くの枝を出し、小穂が密につく［7月］

↑花期7〜9月。高さ50〜70cm

芽生え

葉鞘の口部は半円形、葉舌はない

茎は根ぎわで分かれ叢生する［7月］

のぎは長短いろいろで、のぎの長いものをケイヌビエともいう［7月］

171

イヌムギ（イネ科）

Bromus catharticus

多年草。明治年間に牧草として導入され、野生化して各地に広まった。草原、空き地、堤防斜面、畑の周り、道ばたなどに普通に生育。秋に地下茎や種子から芽生え、幅のある葉を広げて越冬する。夏にはいったん枯れることが多い。和名は犬麦だが穂はムギにはあまり似ていない。

冬越しの形［4月］

茎は根ぎわで分かれ叢生する。高さ60〜100cm［4月］

葉鞘は下部筒状。葉舌は白い膜質

花期4〜6月、ときに秋。多くの枝を出し小穂をつける

閉鎖花が多いが、やくが現れるものもある［5月］

小穂は扁平

イヌムギの小花
内えいは護えいの半分以下。
のぎはごく短い

護えい

苞えい

内えい

道路わきに群生したイヌムギ［5月］

ヒゲナガスズメノチャヒキ(イネ科)

Bromus diandrus

1年草または越年草。大正年間の渡来とされるが、昭和中期から各地に広まる。道ばた、土手、荒れ地などに生育、都市周辺に多い。

茎は叢生し、高さ30～80cm。花期5～6月。葉鞘はざらつく

穂の先は垂れ下がる。節から1～3本の枝。
それぞれに1、2個の小穂［4月］

小穂　6～8小花、のぎは長く3～5cm

173

ネズミムギ（イネ科）
Lolium multiflorum

越年草。明治年間に牧草として導入された（牧草名イタリアンライグラス）。広く野生化し、草地、堤防、空き地、道ばたなどに生育。飼料や緑化材としても用いられる。和名は鼠麦、穂の形からか。

葉耳が張り出る

花期5〜7月。小穂は左右交互につく

茎は叢生し、高さ50〜100cm。葉はやや軟質で光沢がある［5月］

小穂と小花

ホソムギ（イネ科）
Lolium perenne

多年草。（牧草名ペレニアルライグラス）。ネズミムギと同じように生育するがあまり多くない。茎・葉・穂が細く、小花にのぎがない。ネズミムギとの中間的なものもある。

■ネズミムギの穂の変異■

護えいにのぎがあるが、ごく短い品種もある。
一つの小穂に小花は10個ほど

花期5〜6月。小穂の小花は10個以下。葉は細く軟質

カモジグサ(イネ科)

Elymus tsukushiensis var.*transiens*

多年草。草原、畑の周り、土手の斜面、空き地、道ばたなどに生育。根ぎわで茎が分かれ株となり群生する。秋に新しい葉を出し、春から初夏にかけて大きく成長する。カモジは女の人が髪に添える毛のこと。昔、子供がこの葉を揉んで人形の髪にしたということから。

春の株。葉の幅10mmほど〔5月〕

←小穂は小花が2列に並ぶ

小花は大きくてイネ科の構造を見るのに適している。護えいと内えいはほぼ等長。護えいに長いのぎがある

小穂
小花は5〜10個

花期5〜6月。穂の先は垂れる。高さ40〜60cm

小花の比較
アオカモジグサ（左）の内えいは護えいより短い。
カモジグサ（右）の内えいと護えいはほぼ等長

●**アオカモジグサ**
土手や林縁などに生育。穂はやや細い〔6月〕

175

ニワホコリ（イネ科）

Eragrostis multicaulis

1年草。空き地、畑、庭、グラウンドなどの他の草の少ないところに生育。全体が細く小形で、細かい穂をつけた様を埃にたとえたもの。

茎は根ぎわで分かれ低くはう。
高さ10〜30cm［6月］

芽生え［7月］

農道沿いの群生［7月］

花期7〜9月。
細い枝を出し紅紫色を帯びた小穂をつける

小穂は長さ2〜3mm。
数個の小花

コスズメガヤ（イネ科）

Eragrostis minor

1年草。明治年間に渡来した帰化植物。畑の周り、空き地、造成地、グラウンド、道ばたなどに生育。スズメガヤは在来種で小穂がやや大きい。

茎は下部が屈曲、上部が立つ。葉の幅3〜5mm［8月］

花期8〜10月。
多くの枝を出し、ややまばらに小穂をつける

小穂は扁平、長さ3〜8mm。
小花は4〜12個

シナダレスズメガヤ（イネ科）

Eragrostis curvula

多年草。造成地や道路のり面などの飛砂防止、緑化用に植えられ、逸出して荒れ地や堤防沿いなどに生育。ウィーピングラブグラスの名で知られる。シナダレは長く垂れる穂の形から。

葉や茎は叢生し大きな株になる。高さ60～120cm。葉の幅2mmほど［8月］

花期8～9月。穂の長さ20～40cm。花軸の節に枝を輪生、小穂をつけ垂れ下がる

小穂は長さ6～15mm。灰緑色、ときにやや紫色

オオクサキビ（イネ科）

Panicum dichotomiflorum

1年草。1920年代の渡来とされる帰化植物。やや湿った荒れ地、造成地、道ばたなどに生育。飼料作物として栽培もされた。和名は大草黍の意味。

茎は下部で分かれ低く広がる［8月］

花期8～9月。群生すると高さ1mにもなる
小穂は長さ2.5mm。2小花がある→

穂は大形、細かく枝を出す［8月］

カゼクサ（イネ科）
Eragrostis ferruginea

多年草。荒れ地、広場、グラウンド、農道、土手などに群生。大きな株をつくり、茎や葉は丈夫で刈り込みや踏みつけなどに強い。チカラシバとともに秋の野外に普通に見られる。カゼクサ（風草）の名は、かつて中国原産のフウチソウ（風知草）と混同したものといわれる。

春から夏にかけてのころの形［7月］

秋の形　高さ40〜80cm。葉は淡緑色、しばしば縁が内側に巻く［8月］

花期8〜10月。太い茎が叢生し大きな円錐状の穂をつける

花は未明ころに開く［10月］

果実
熟すと内えいを残して落ちる

多くの枝を散開状に出し、さらに小枝を分けて小穂をつける［9月］

秋の農道に群生したようす［10月］

チカラシバ(イネ科)

Pennisetum alopecuroides

多年草。荒れ地、広場、田のあぜ、グラウンド、農道などに生育。大きな株をなし、茎、葉は丈夫で刈り込みや踏みつけに強い。秋に、びんを洗うブラシのような形の穂をつけて目立つ。和名は力芝で、強靱な草のようすから。

農道の轍（わだち）の間の群生〔5月〕

成長した形　葉はカゼクサより緑が濃く、光沢がある。高さ50〜80cm〔10月〕

太い茎を立て、円筒形の穂をつける。小穂が総状に密につく〔9月〕

チカラシバとカゼクサの群生する草はら〔10月〕

小穂
2小花からなる。基部に数本の暗褐色の剛毛が生える。果実は剛毛によって付着しやすい

ススキ（イネ科）

Miscanthus sinensis

大形の多年草。平地から山地までの草原、荒れ地、空き地、放棄畑、道ばたなどに広く生育。地下茎を短くのばし大きな株をつくる。冬に地上部は枯れるが、暖地では新しい葉をのばして越冬する。カヤと呼ぶ地方も多い。かつては茅葺き屋根の材料に用いられた。

茎を高く立て、先に穂をつける［10月］

成長している株。茎のように見える部分は葉鞘の重なった偽茎［9月］

↓葉鞘の上部には長毛が密生。葉舌は低い膜状

花期8〜9月。10〜30本の枝穂が出てそれに小穂が密につく

葉鞘と葉身
葉は幅広く中央脈が目立つ。縁は硬くてざらつき、握って引くと手が切れる

果期の穂

↓小穂は基部に白毛が密生し飛散に役立つ。2小花のうち1小花が発達。先に長いのぎがある

暖地では秋に、枯れた株から新葉が出る［11月、静岡］

オギ（イネ科）

Miscanthus sacchariflorus

大形の多年草。河川敷、堤防の斜面、湿った空き地などに生育。ススキよりもやや湿った地を選び群生する。地下茎を盛んにのばして増え、節々から個々の茎を立てる。ススキのように株立ちしない。成長時には高さ1.5～2mに達する。漢名で荻。

葉は幅広い線形。縁はざらつくが握っても手が切れない［6月］

←成長初めのころ。葉鞘には毛が密生［5月］

葉舌
ごく短い毛が並ぶ

花期9～10月

茎の先に大きな穂をつける。ススキより白く軟らかい感じ。花後、穂は銀白色となってなびく［10月］

小穂は基部に白毛が密生し飛散に役立つ。2小花のうち1小花が発達。のぎがない

果期の穂
多数の枝穂に小穂が密につく

181

セイバンモロコシ（イネ科）

Sorghum halepense

多年草。1940年代に気づかれた帰化植物。近年急速に分布を拡大し、荒れ地、造成地、畑の周り、河川敷、道路沿いなどに群生する。ススキに似た株をつくるが、葉は軟らかく縁はざらつかない。栽培のモロコシと同属であるがセイバンの意味ははっきりしない。

成長途中の株［8月］

穂を立てた形。
高さ1～2m［7月］

両性小穂
柱頭が先に現れる

後からやくが現れる

葉舌
低くて長毛が並ぶ

穂は大きな円錐形。多数の枝穂を出し小穂をつける。のぎのない型をヒメモロコシともいう。
有柄小穂（雄性）と無柄小穂（両性）とがある［7月］

堤防沿いに群生したようす［10月］

チガヤ(イネ科)

Imperata cylindrica

多年草。河原、堤防、草地、造成地、あぜ、放棄田、道ばたなどに普通に生育。硬い地下茎が長くのび、盛んに芽を出して増える。暖地では冬も緑を保っている。茎の節に毛のないものをケナシチガヤ var.*cylindrica*、毛の生えているものをフシゲチガヤ var.*koenigii* として区別する。ケナシチガヤの方が花期が早い。

成長の初期

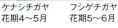
ケナシチガヤ 花期4〜5月　フシゲチガヤ 花期5〜6月

アカツメクサと混生した群落。穂は果期となって白毛が目立つ［5月］

雌しべが先に現れ… → やく(雄しべ)が後から現れる → 果実 小穂は1小花が残る。えいはほとんど退化

シバ（イネ科）
Zoysia japonica

多年草。日当たりのよい山野に自生し、ノシバとも呼ばれるが、芝生用に栽培され多くの品種がある。芝生から野生化したものもある。ほふく茎が枝分かれしながら地表下をのび、しばしば地表にも現れる。茎や葉の質は硬く踏みつけに耐える。

葉の基部は葉鞘となり、先はとがる［5月］

花期5〜6月。細い茎を立て、先に細長い穂をつける

小穂は密につく。小穂は1小花のみであとは退化［5月］

ほふく茎は仮軸成長を繰り返し屈曲しながらのびる［9月］

節々から根を下ろす

花期6〜8月。茎の先に数本の枝穂を放射状につける

ギョウギシバ(イネ科)

Cynodon dactylon var.*dactylon*

多年草。熱帯から温帯にかけて広く分布する。空き地、芝生、グラウンド、砂地などに生育。牧草や地表緑化材として栽培され(牧草名バミューダグラス)、それが広まっている。ほふく茎が盛んに分枝して地表をおおい、一部はかなり立ち上がる。ギョウギシバは行儀芝とか行基芝とか諸説がある。

葉舌の位置に長い毛の列がある

シバよりもむらがり立つ。葉は長くて軟質。葉鞘はやや扁平［10月］

枝穂の一部。小穂は2列に密着し、1小花のみ

ほふく茎は屈曲しながらのびる［6月］

カモガヤ（イネ科）

Dactylis glomerata

多年草。明治初年に牧草として導入された（牧草名オーチャードグラス）。広く野生化し、空き地、畑の周り、道ばたなどに生育。名前は鴨とは関係ない。

オオアワガエリ（イネ科）

Phleum pratense

多年草。明治初年に牧草として導入された（牧草名チモシー）。野生化し草地、空き地、道ばたなどに広く生育。和名は大粟帰りの意味。

茎は叢生し大きな株となる。成長時高さ1mを越える。葉の質は軟らかい [4月]

花期5〜7月。上部で枝を分け小穂が密集

春、葉をのばした形 [4月]

茎は叢生し大きな株となる。成長時、高さ1〜1.2mになる [6月]

花期5〜7月。穂は円柱状、小穂が密生

ヒメコバンソウ（イネ科）

Briza minor

1年草。江戸時代後期の渡来とされる帰化植物。芝生、牧草地、空き地、道ばたなどに生育。茎、葉ともに細い。和名は姫小判草の意味。

コバンソウ（イネ科）

Briza maxima

1年草。明治年間に観賞用に導入され、野生化して畑の周り、空き地、道ばたなどに生育。熟した小穂を小判にたとえた。

茎は叢生、基部はややはう。高さ20〜50cm［5月］

花期5〜8月。小穂は小形、4〜8小花。全体がちらつく感じ

道路沿いに多いが、人為的に増やしたものもあるようだ［5月］

花期6〜8月。小判形の小穂が垂れる。長さ15〜20mm

熟した小穂［6月］

シマスズメノヒエ(イネ科)
Paspalum dilatatum

多年草。暖地で牧草や緑被用に栽培され、野生化して荒れ地、畑の周り、田のあぜ、空き地、道ばたなどに広く生育。大正初期に小笠原で見出されて名づけられた。和名は島雀の稗、在来種のスズメノヒエは都市近郊にはまれ。

花期8〜10月。数本の枝穂が垂れ、2〜3列に小穂が並ぶ。枝穂の基部に長い白毛がある

道路沿いに群生したようす［9月］

茎は叢生し大きな株をつくる。茎の長さ50〜100cm。葉は幅10mm前後。基部の葉の葉鞘は有毛。他の葉鞘は無毛で上縁に長い毛がある［9月］

小穂の縁に長い毛が密生。紫褐色の柱頭がやくより先に現れる

アメリカスズメノヒエ（イネ科）

Paspalum notatum

多年草。暖地で牧草とされ（牧草名バヒアグラス）、野生化して空き地や芝生、道ばたなどに生育。太い地下茎が横にのび株を増やす。和名は原産地の熱帯アメリカから。

茎の高さ30～70cm。葉は無毛。葉舌は低い毛の列になる［8月］

花期6～8月。2本か3本の枝穂が立つ。小穂は2列に並ぶ

キシュウスズメノヒエ（イネ科）

Paspalum distichum var.*distichum*

多年草。大正年間に和歌山県で記録され1940年代から各地の湿地や湿った道ばたなどに増加。暖地の水田にも侵入する。キシュウは紀州、最初の記録地による。

ほふく茎からさらに密に立つ。茎の高さ30～40cm。葉鞘の縁にまばらに長い毛がある［8月］

茎は長くほふくする［8月］

花期6～8月。2本の枝穂を立てる。小穂は2列に並ぶ

オニウシノケグサ（イネ科）

Schedonorus arundinaceus

多年草。明治初年に牧草として導入され（牧草名トールフェスク）、また緑化用にも用いられる。広く野生化し、荒れ地、造成地、道ばたなどに生育。ウシノケグサは山地生の在来種。

花期6～8月。長短の枝を出し、多くの小穂をつける。のぎがある。高さ1～1.5m

葉の幅は広く、葉脈は上面に隆起する
[3月]

葉鞘の上端に三日月形の葉耳

ヒロハウシノケグサ（イネ科）

Schedonorus pratensis

多年草。オニウシノケグサに似る（牧草名メドウフェスク）。同じように栽培、野生化する。名に反し葉の幅は広くない。オニウシノケグサとの中間的なものもある。

葉の幅は狭い、葉脈は隆起しない
[5月]

葉耳は小さい

花期6～8月。枝穂や小穂がやや少なくほとんどのぎがない
[5月]

コヌカグサ（イネ科）
Agrostis gigantea

多年草。明治初年牧草として導入され（牧草名レッドトップ）、その後広く各地に野生化、空き地、芝地、土手、道ばたなどに生育。類似種が多い。和名は小糠草の意味で、細かい穂のようすから。

ナギナタガヤ（イネ科）
Vulpia myuros var.*myuros*

1年草または越年草。明治年間に渡来、芝地や道ばたなどに生育。果樹園や空き地の緑被用に種子を播くこともある。穂が一方になびく形からナギナタ（長刀）にたとえた。

花期6〜7月。円錐状で多くの枝を出し密に小穂をつける

葉は細く両面ざらつく。葉舌は目立ち3〜7mm［5月］

花期5〜6月。多くの枝を出し、小穂をつける

葉の幅1〜2mmほど。縁は内側に巻き、細い棒状［5月、長野］

小穂は3〜5小花からなる

小穂は1小花だけからなる［6月］

カラスムギ（イネ科）

Avena fatua var. *fatua*

越年草または1年草。牧草として導入され、野生化して畑の周り、空き地、道ばたなどに生育。しばしば大群生する。栽培種のマカラスムギ（エンバク）も一部で野生化している。

ムギクサ（イネ科）

Hordeum murinum subsp. *murinum*

越年草または1年草。明治年間に渡来した帰化植物。畑の周り、空き地、道ばたなどに生育。海に近い街なかに多く見られる。和名は麦に似た草の意味。

花期5〜7月。高さ50〜100cm。
枝穂は輪生状

小穂は3小花、うち2小花の護えいによじれた長いのぎがある
（マカラスムギには1本ののぎ）

堤防斜面に群生するようす［5月］

茎は叢生し斜めに広がる。
高さ10〜40cm［5月］

花期5〜6月。
穂はオオムギやライムギを
思わせる。のぎが長い

道路沿いに
群生したようす
［5月］

メリケンカルカヤ（イネ科）

Andropogon virginicus

多年草。1940年代の渡来とされる帰化植物。草地、芝生、やや湿った空き地などに生育。葉は根ぎわから広がり丈夫な株をつくる。在来種のオガルカヤ、メガルカヤとは別属。

花期8〜10月。高さ50〜100cmの茎を立てる。葉鞘の上縁に長い毛がある

成長の途中葉は中央脈で折れる

総苞葉に包まれた枝穂が並び秋には赤褐色になる［10月］

秋遅く、小穂の白い長毛が目立つ［11月］

コブナグサ（イネ科）

Arthraxon hispidus

1年草。田のあぜ、草原、やや湿った空き地、道ばたなどに生育。和名は葉の形を小鮒にたとえた。

茎は下部が地をはい、節から根を下ろす。高さ30〜50cm［8月］

葉の縁や葉鞘に粗い毛が密生［8月］

↓花期8〜9月。茎の上部に数本以上の枝穂を出し、小穂が2列に並ぶ。紫褐色になり晩秋まで残る

カヤツリグサ（カヤツリグサ科）
Cyperus microiria

1年草。畑やその周り、田のあぜ、空き地、道ばたなどに生育。茎に裂け目を入れ、一人が両端を持ち、もう一人が中央を裂いて開くと四角になる。これを蚊帳（かや）の形にたとえた名。

コゴメガヤツリ（カヤツリグサ科）
Cyperus iria

1年草。カヤツリグサに似て、同じようなところに多く生育。小穂をつけた形はやや細くてまばらに開いて見えるので小米とした。

成長すると高さ20〜30cm。花期7〜9月。3稜の茎を立て、先に3〜5個の苞葉を出す

花期7〜9月。3稜の茎を立て、先に2〜3個の苞葉を出す

芽生え
葉は3方向に出る
[6月]

数本の穂を立て、さらに枝を分けて小穂をつける [6月]

カヤツリグサの小穂
20個ほどの小花

コゴメガヤツリの穂
長短のある枝を出し、一部はさらに枝を出して数個の穂をつける
[7月]

成長の途中 [8月]

ハマスゲ（カヤツリグサ科）

Cyperus rotundus var. *rotundus*

多年草。海の近くの砂地、河原、畑、空き地、グラウンド、道ばたなどに広く生育。長い地下茎を引いて増え群生する。地下茎の先に塊茎をつける。コウブシ（香付子）とも呼ばれ、畑に侵入されると除去しにくい雑草とされた。

→葉は3方向に出る

↓小穂には20〜30個の小花が2列に並ぶ。花は未明ころに開花

←茎の先に2〜3個の苞葉をつけ、間から長短のある枝を数本出し、それぞれに小穂をつける

雄しべのやく
雌しべの柱頭

花期7〜9月。3稜のある茎を立て、高さ15〜30cm
←塊茎 地下茎の先にできる [3月]

農道沿いの群生 [9月]

地下茎をのばし株をつくる [7月]

ヒメクグ（カヤツリグサ科）

Cyperus brevifolius var. *leiolepis*

多年草。畑、芝生、やや湿った空き地やグラウンド、道ばたなどに生育。短い茎が地表にのび、根を下ろして大小の株をつくる。クグはカヤツリグサ類の古い呼び名。全体が小形なので姫とした。

成長初期

茎は3稜形。直立または斜めに立つ。高さ10〜20cm〔8月〕

葉の質は軟らかくて光沢がある。葉鞘は赤褐色を帯びる〔8月、長野〕

密に小穂が集まる

花期7〜9月。茎の先に3苞葉が開き、その間に球形の穂がつく。小穂は1個の小花からなる

湿った空き地に群生する〔10月〕

ネジバナ（ラン科）

Spiranthes sinensis var. *amoena*

多年草。芝地、草地、空き地などに生育。地下に肥厚した根があり、根ぎわから数個の葉が出る。葉の基部は葉鞘となる。花序がらせん状に巻くのでネジレバナともいう。別名モジズリ（文字摺り）。

花期6～7月と9～10月。株によって花期を異にする。
花茎は10～30cm。茎にも少数の葉がつく

空き地に群生したようす［7月］

花序の巻き方　左巻きと右巻きとがある

幼形［4月］

花の奥に花粉塊がありこのまま虫について運ばれる

↓根　やや肥厚する［7月］

197

コラム

雑草と帰化植物

　雑草には帰化植物が多い。この本で取り上げている約300種でもその5割強が帰化種である。ここでいう帰化種とは江戸時代末期から明治初年を境として、それ以降に渡来したもの（新帰化）を指している。それ以前の渡来（旧帰化）、あるいは有史以前の渡来（史前帰化）をも含めて考えると、全体の8割は渡来種に基づくといえる。

　雑草の生育地はどこの地域でも、つねに耕作やその他のさまざまな人の作用を受けているところである。人の交流にともなって海を越えてこれらの種子が移動すると、似た環境に根を下ろしやすい。これが帰化雑草になる。

　渡来して芽生えたとしても定着するのは一部である。間もなく消滅してしまうものも多いし、急速に分布を拡大するものもある。種によって帰化の程度はまちまちであり、同じ種でも地域によっても差がある。最近はそれらを含めて広く外来植物（外来雑草）という使い方もされている。いずれにしても、渡来の方法やその後の分布拡大などは人の動きがからんでいる。

　ヒメジョオン・ヒメムカシヨモギ・ノボロギク・オランダミミナグサなどは新帰化としても古い歴史をもち、すでに日本の植生の中で安定した地位を占めている。ウラジロチチコグサ・オオブタクサ・オオキンケイギク・アレチウリ・セイバンモロコシなどは近年急速に分布を広めている。これらが将来植生の中でどんな地位を占めるようになるかはまだわからない。

　帰化種に対しては在来種という言葉がある。一般には旧帰化以前のものは在来種として扱われるが、はっきりと線を引けないこともある。特に近年では帰化の事情も大きく変わり、従来の帰化の図式が通用しなくなっている。

　エノコログサの類は在来種とされているが、これがアメリカ大陸に渡り、たくましくなって日本に里帰りしている例があるという。輸入飼料の穀類の中には多くの混入種子があるが、それを分析した資料によると外来種とともに在来種とされている種子も含まれている。それらが生育に至ることも十分に考えられる。

　最近市街地に増えているホトケノザやキュウリグサなども、古くからあったものなのか渡来種子によるものなのか今後の検討が必要と思われる。ヨモギは在来種としてきたが、道路法面などに吹き付けられる緑化材の中には外国産のヨモギ種子もあり、それが広まる可能性もあるという。

　さらに帰化種と在来種が雑種をつくるという問題も出ている。

　ある地域の植物の全種数に対する帰化種数の割合を帰化率という。各地の帰化率を求めて地域の環境診断の資料とする試みがさかんに行われた。帰化率が高いのは土地の撹乱度が高いことを、帰化率が低ければ土地の自然性が保たれていることを示すという設定である。

　それは一定の成果があったが、いまは帰化種の範囲をどうするかに迷い、帰化率の算出が困難になっている。それだけ植生に対する人の作用のすさまじさを物語っている。

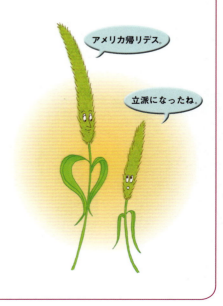

- ●主な科の特徴
- ●略解植物用語
- ●雑草の生活型

マルバツユクサ

主な科の特徴

タデ科
(p12-22)

茎の葉は互生、托葉鞘がある。
ここではタデ類とギシギシ類に大別した。

イヌタデ

花はがく5裂（まれに4裂）、花弁はない。両性花

タデ類 多くは1年草
オオイヌタデ

オオイヌタデ

葉は互生。葉柄の基部に托葉の変化した葉鞘（托葉鞘）がある

オオイヌタデ

果実（痩果）は残ったがくに包まれる

ナガバギシギシ

ロゼットで過ごす期間が長い

ギシギシ類 多年草
ナガバギシギシ

ナガバギシギシ

花序は雌花（両性花）と雄花がある

粒状突起
翼
ナガバギシギシ

内側の3がく片が翼のようになり果実（痩果）を包む。翼に粒状突起がある

花はがく片6
ナガバギシギシ

主な科の特徴

ナデシコ科
(p24-28)

ナデシコ科の雑草の多くは1年草か越年草。
葉は十字対生。花は5弁だが、それぞれが深く裂けるものが多い。

ウシハコベ

葉は十字対生、普通は全縁、
柄は無いか短いものが多い

ウシハコベ

花はがく片5、花弁5。
雄しべ10（またはそれ
以下）。雌しべ1
（柱頭2、3、5など）

ミドリハコベ

花弁は5で、
細かく深裂する
カワラナデシコ
（多年草）

果実　ふつうは蒴果
（先が割れ種子をこぼす）

ウシハコベ

201

主な科の特徴

ヒユ科 ①
(p31-33)

葉は互生で粗い鋸歯がある。
花は小さく、目立たない。多くは1年草。
以前はアカザ科とされた。

葉は互生　　　シロザ

シロザ・アカザ類 1年草

シロザ

花は苞葉がなく、小形。
がく5裂で緑色、花弁
はない。普通は両性花

コアカザ

葉の縁に粗い歯がある

アリタソウ　　シロザ

果皮は膜質の袋で、
1種子を含む(胞果)。
それが残ったがくに包まれる

主な科の特徴

ヒユ科 ②
(p34-36)

花はごく小さく、葉は上面の葉脈がややへこむ。
ここではヒユ類とイノコズチ類に分けた。

ホナガイヌビユ

花はがく片5、緑、白、紅色など。
花弁はない。雄しべ5。
雌しべ1、子房は1室。苞葉が目立つ

ヒユ類 1年草
ホナガイヌビユ

葉は互生　ホナガイヌビユ

ホナガイヌビユ

果実は胞果で1種子
を含む。
果皮は緑色。残った
がくに包まれる

葉は対生　ヒナタイノコズチ

イノコズチ類 多年草
ヒナタイノコズチ

ヒナタイノコズチ

花の構造はヒユ類と同じ

針状の苞（小苞）

果実　ヒナタイノコズチ

203

主な科の特徴

アブラナ科
(p37-45)

花弁4で十字状に見える(十字花冠)。普通は4長雄しべ。
ロゼットをもつものが多い。

ハナナ

花はがく片4、花弁4。雄しべは長い
4本と短い2本(4長雄しべ)。
雌しべ1、心皮2で子房2室

カラシナ
茎は直立、葉は互生

カラシナ　ナズナ
長角果あるいは短角果。
熟すと心皮の縫合線から
果皮が2片に裂開

スカシタゴボウ
ロゼットと根生葉

主な科の特徴

マメ科
(p50-61)

葉は互生でほとんどが複葉。花は多くが蝶形花冠。根に根粒がある。

主な科の特徴

カタバミ科
(p69-71)

葉は3出複葉で根生葉だけのものと茎生葉ももつものがある。

カタバミ

カタバミ

花はがく片5、花弁5。雄しべ10。雌しべ1、子房は5室

果実は蒴果、熟すと裂ける。外種皮が反転して種子を飛ばす

オッタチカタバミ

葉は3出複葉。托葉がある。就眠運動を行う

トウダイグサ科
(p11、64-66)

茎や葉を切ると白い汁が出るものが多い。花は独特の杯状花序という形。（p221）

トウダイグサ

葉は互生または対生

花は杯状花序、5個の総苞片が合着して杯状のつぼを作り、中に数個の雄花と1個の雌花がある。花弁はない。1個の花序では雌花が先に現れ雄花が後から現れる

トウダイグサ　コニシキソウ

雄花は1個の雄しべのみ

雌花は1個の雌しべのみ。子房がつぼの外に出る

ノウルシ

腺体　この形は種によって異なる

杯状のつぼ

トウダイグサ

果実は熟すと裂開する

206

主な科の特徴

アカバナ科
(p72-75)

アカバナ科の雑草の多くは外来種。ロゼットをもつものが多い。

メマツヨイグサ

葉は互生（または対生）、葉柄は無いか短い

オオマツヨイグサ

科名のもとになったアカバナ

オオマツヨイグサ

花はがく片4、花弁4。雄しべ8（または4）。雌しべ1、子房下位で4室。果実は蒴果で熟すと裂開する

セリ科
(p78-79)

葉は互生、花は小形で散形花序を作る。

オヤブジラミ

葉は2〜3回複葉状に全裂

セリ

散形花序（単散形か複散形）

オヤブジラミ

セリ
果実は2個に分かれる

セリ

花はがく片5、花弁5。雄しべ5。雌しべ1、子房下位で2室

207

主な科の特徴

アカネ科
(p82-84、86)

花冠は合弁で杯状、先は5裂（アカネ）、または4〜3裂（ヤエムグラ）。雌しべ1、子房下位で2室

つる性が多い。葉は対生。托葉が発達し輪生状になるものがある。

果実は2室（あるいは2分果）

アカネ

ヤエムグラ

ヘクソカズラ

主な科の特徴

ヒルガオ科
(p88-90)

茎はつる性。花冠は合弁でろう斗状。
果実は熟すと裂開。

ヒルガオ

ヒルガオ（断面）

雄しべ5。
雌しべ1。
子房上位

果実（断面）。
中に種子
コヒルガオ

茎はつる性。葉は互生

ナ ス 科
(p94-95)

花冠は合弁で先が5裂。
雄しべの黄色いやくが目立つ。

アメリカイヌホオズキ
果実は液果

アメリカイヌホオズキ

イヌホオズキ

花は合弁花冠で先は5裂。雄しべ
5。雌しべ1、子房上位で2室

アメリカイヌホオズキ

果実の中に種子
が多数ある

イヌホオズキ
葉は互生

主な科の特徴

シソ科
(p91-93)

茎の切り口は四角で、葉は十字対生。花は唇形花冠。

ホトケノザ

ヒメオドリコソウ

ヒメオドリコソウ

茎の切り口は四角

果実は4個に分かれる（4分果）、それぞれに1種子
ホトケノザ

ヒメオドリコソウ

合弁花冠の上部が深く2裂し唇状に見える（唇形花冠）。雄しべ4。雌しべ1、子房上位で4室

葉は十字対生

キツネノマゴ科
(p106)

花は唇形花冠。葉は十字対生。

キツネノマゴ

キツネノマゴ

花は唇形花冠。雄しべ2。雌しべ1、子房上位で2室、それぞれに2胚珠

果実は2室、それぞれに2種子
キツネノマゴ

キツネノマゴ

葉は十字対生。茎は鈍い4稜

210

主な科の特徴

オオバコ科
(p98-104)

オオバコ類はロゼット型で、花茎の先に穂状花序。
イヌノフグリ類はかなり違った形で、かつてはゴマノハグサ科に含まれた。

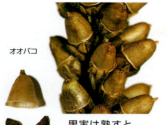

オオバコ

果実は熟すと横に裂ける

オオバコ類

オオバコ

葉のすじ（葉脈）が強い

花は両性花だが、雌しべが先に、雄しべが後から現れる。上へ伸びながら次々に咲く

オオバコ

雌しべの現れた花。雌しべ1

雄しべの現れた花。雄しべ4。合弁花冠で先は4裂

オオイヌノフグリ

イヌノフグリ類の果実

果実の断面

イヌノフグリ類

オオイヌノフグリ

タチイヌノフグリ

イヌノフグリ類は花冠4裂

オオイヌノフグリ

211

主な科の特徴

キク科
(p108-151)

葉は多くは互生。多くの小花が集まり頭状花序を作る(頭状花、頭花ともいう)。
舌状花のみのもの、管状花のみのもの、両方もつものがある。

エゾタンポポ

総苞片

頭状花は総苞に包まれる。
総苞は多数の総苞片からなる

ハルジオン

セイヨウタンポポ

果実は痩果、中に1種子(果実が種子のように見える)

ハルジオン

がくは冠毛になるものが多い

子房下位

舌状花

ハルジオン

管状花(筒状花)

セイヨウタンポポ　キクイモ　コセンダングサ

舌状花だけの頭状花　舌状花と管状花の両方がある頭状花　管状花だけの頭状花

212

主な科の特徴

ユリ科
(p152)

葉は根生のものと茎生のものとがある。花は3を基本にした構造。

タカサゴユリ果実

果実は3室

種子には翼がある

タカサゴユリ

タカサゴユリ

アマナ

花は外花被片3、内花被片3。雄しべ6。雌しべ1、子房上位で3室

イグサ科
(p160-161)

花は小形で目立たないが、構造はユリ科に似る。

クサイ

花は外花被片3、内花被片3。雄しべ3(または6)。雌しべ1、子房上位で3室

クサイ

果実は熟すと3裂

クサイ

茎は円柱状か扁柱状、中実。葉は線形か糸状、2列互生

213

主な科の特徴

アヤメ科
(p156-157)

葉は普通根生で線形から広線形。
花は花被片6。

ニワゼキショウ

ニワゼキショウ

ニワゼキショウ

花は外花被片3、内花被片3。
雄しべ3。雌しべ1、柱頭3

葉は根生、線形か剣形

ニワゼキショウ / 子房 / オオニワゼキショウ
果実は蒴果で熟すと3裂
子房は下位で3室

アヤメの花と果実
外花被片が大形

ツユクサ科
(p158-159)

葉は茎生で互生。葉の基部は葉鞘となる。
花序は舟形の総苞に包まれ、1個ずつ咲く
ことが多く、一見すると花序とは見えない。

ツユクサ
総苞をはずした花。がく片3、
花弁3で2個が大きい。雄しべ
6。雌しべ1、子房上位で3室

ツユクサ
葉鞘

花弁 / がく片 / 花弁
がく片 / 花弁 / がく片
退化した仮雄しべ4 / 雄しべ（2個が発達）
雌しべ
ツユクサの花の分解

ツユクサ
1個の総苞に複数の果実
があり、花序であること
がわかる

主な科の特徴

イ ネ 科
(p162-193)

葉は線形で互生。根ぎわで分かれ株立ち（叢生）するものが多い。

キョウギシバ

葉は2列互生、平行脈

穂は全体が円錐状をなすものが多い

オオスズメノカタビラ

イヌムギ
葉身
葉舌（ようぜつ）
オヒシバ
葉耳（ようじ）
葉鞘

茎は円柱状、節があり多くは中空（稈という）

葉の基部は葉鞘になる。葉鞘の上縁を葉舌という

イヌムギ

スズメノテッポウ

根はひげ根

穂は多くの小穂からなる。小穂は苞えいをもち、いくつかの小花からなる

小穂
ネズミムギ

内えい
護えい
雌しべ
雄しべ
ネズミムギ

小花は小穂を構成している個々の花のこと。護えいと内えいに包まれ、中に雄しべと雌しべがある。花被は退化

内えい
護えい
果実
苞えい
ネズミムギ

果実はえいに包まれる

215

主な科の特徴

カヤツリグサ科 (p194-196)

カヤツリグサ類は両性花、スゲ類は単性花がそれぞれ花序を作る。

カヤツリグサ / 苞葉
花序は多くの小穂からなる

カヤツリグサ類（両性花）
カヤツリグサ

コゴメガヤツリ / 葉
茎は3稜ある。葉は線形、3列互生、基部は葉鞘になる。株立ちするものがある

茎の切り口は三角形で中実

カヤツリグサ
小穂には多くの小花。小花は2個の雄しべと1個の雌しべが鱗片に包まれる。花被は退化

スゲ類（単性花）

カヤツリグサ
根はひげ根

果胞 / 鱗片
果胞と鱗片

雌花は1個の雌しべが果胞に包まれる（その外側に鱗片）

雄小穂と雌小穂

雄花は2、3個の雄しべが1個の鱗片に包まれる

略解 植物用語

葉の各部の用語

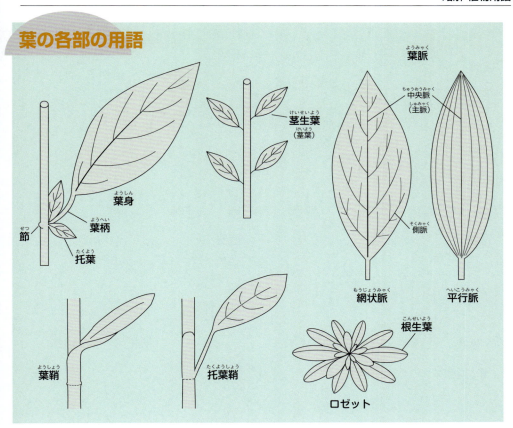

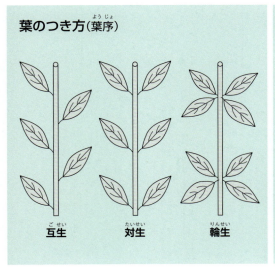

略解 植物用語

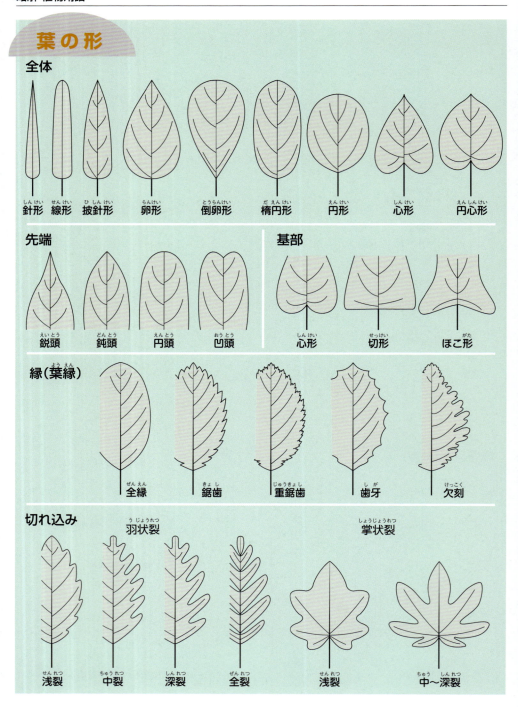

略解 植物用語

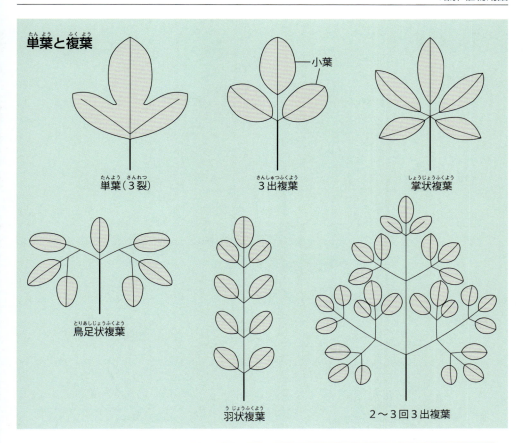

単葉と複葉
単葉（3裂）
小葉
3出複葉
掌状複葉
鳥足状複葉
羽状複葉
2〜3回3出複葉

コラム 単葉か？ 複葉か？

　越冬中の葉を並べてみた。ナズナとタネツケバナは切れ込みのある単葉、カラスノエンドウは複葉である。
　ナズナは、茎の葉では切れ込みがごく浅いが(a)、ロゼット葉は浅裂(b)から深裂(c)まで変化が

ある。タネツケバナは茎の葉(d)もロゼット葉(e)も全裂である。カラスノエンドウの葉(f)ははっきりした複葉である。
　では、全裂と複葉はどのように見分けるのだろうか。①全裂のものは複葉とする見方、②小葉の基部に節のあるものが複葉、ないものが全裂(単葉)とする見方がある。タネツケバナの葉は①によると複葉、②によると全裂となるが、その区別は微妙である（羽状複葉としている図鑑も多い）。
　タネツケバナの芽ばえ初期の葉は切れ込みのない単葉であるが、しだいに切れ込みのある葉になる。カラスノエンドウは芽生えの初期から複葉である(p56)。これらからタネツケバナは全裂の単葉としたい。
　芽ばえ初期から変化していく葉の成長過程は、観察の楽しみでもある。

219

略解 植物用語

花の用語

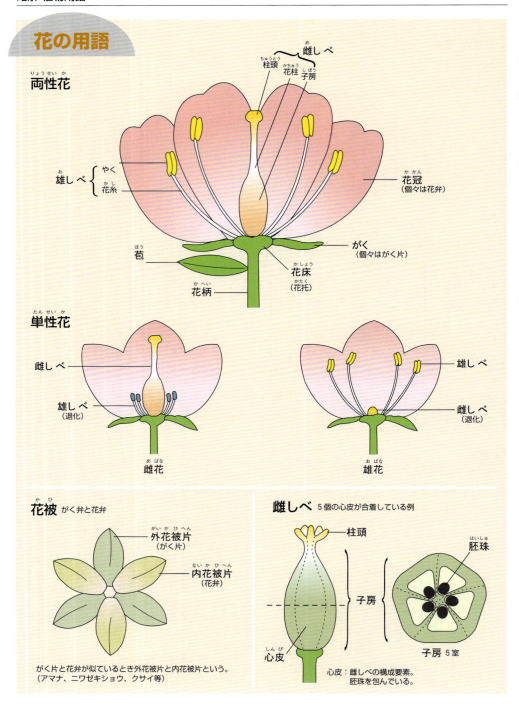

略解 植物用語

子房の位置

子房から果実へ

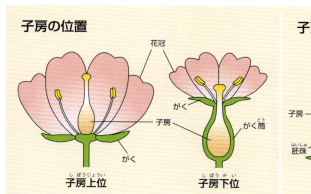
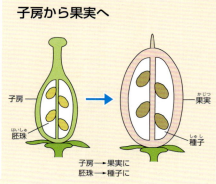

子房 → 果実に
胚珠 → 種子に

花のつき方（花序）

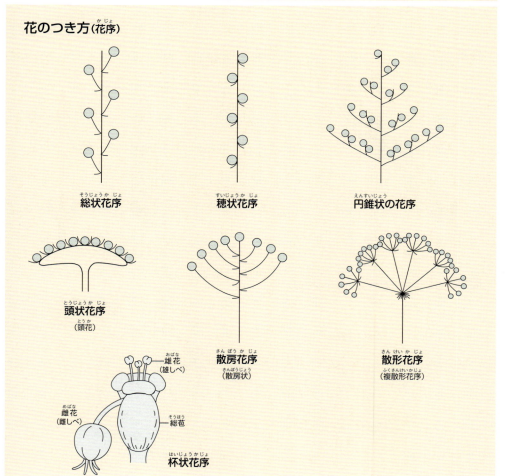

総状花序　穂状花序　円錐状の花序

頭状花序
（頭花）

散房花序
（散房状）

散形花序
（複散形花序）

杯状花序

221

略解 植物用語

果実の用語

痩果（そうか） 1心皮、1種子
果実が種子のようにみえる

角果（かくか） 2心皮
熟すと裂開

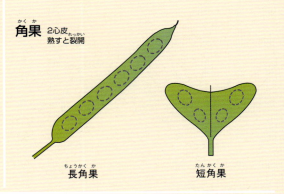

長角果（ちょうかくか）　　短角果（たんかくか）

豆果（とうか） 1心皮
熟すと裂開

蒴果（さくか） 3〜5心皮
熟すと裂開

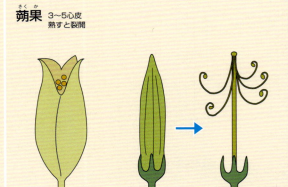

偽果（ぎか） 子房以外の部分が見かけ上の実の多くの部分を占める

ヘビイチゴの例

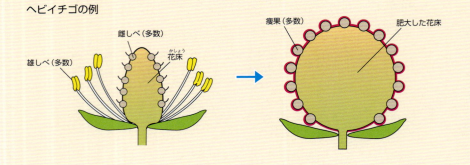

222

その他の用語解説

1年草（いちねんそう）種子が発芽・成長し、その年の
うちに開花・結実して枯れるような短い生活を
する草。

えい（穎） イネ科の花に特有の苞。花を包む内え
い・護えい、小穂にある苞えいなどがある。え
いに包まれた花や果実をえい花・えい果という。

越年草（えつねんそう）種子が発芽・成長し、越冬して
開花・結実し枯れるもの。生活期間は1年以内。
冬生1年草ともいう。

塊茎（かいけい）伸びる地下茎の先や途中に着くいも
のような茎。一定に配列した芽がある。

仮軸成長（かじくせいちょう）茎の主軸の成長が止まり、
腋芽が伸びて主軸の成長をひき継ぐ。これを繰
り返しながら茎全体が伸びる成長様式。

偽果（ぎか）真の果実は子房が肥大したものである
が、子房以外の部分が肥大し見かけ上の果実の
大半を占めるものをいう。

偽茎（ぎけい）地下から伸びた葉鞘が重なり合って立
ち、あたかも茎のように見えるもの。

球茎（きゅうけい）地上茎のすぐ下に着くいものよう
な茎。

合弁花冠（ごうべんかかん）花弁が互いにその一部ない
し全部が合着している花冠。

根茎（こんけい）地中に横にのびる根のような地下茎。

雌雄異株（しゆういしゅ）雄花と雌花（あるいは両性花）
が、それぞれ別々の株に着くもの。同じ株に着
くものは雌雄同株という。

十字花冠（じゅうじかかん）離弁花冠のうち花弁が4片
で上からは十字状に見えるもの。**(p204)**

唇形花冠（しんけいかかん）合弁花冠の先が上下2片（2
片が上唇、3片が下唇）に分かれ唇状に見えるも
の。**(p210)**

心皮（しんぴ）花の各部はもともと葉の変形とされる
が、このうち雌しべを構成する葉をいう。種類
によって1〜数個あり中に胚珠を包む。心皮をも
つ植物が被子植物である。

腺体（せんたい）蜜腺（みっせん）と同義。花や葉に付属し
蜜を分泌する構造物。

腺毛（せんもう）葉や茎の表面に付属し蜜を分泌する
毛。

総苞（そうほう）花序の基部にある小型の葉またはそ
の集合。キク科の頭花では総苞の個々を総苞片
という。

托葉鞘（たくようしょう）托葉が変形し茎を巻く鞘状に
なっているもの。

多年草（たねんそう）植物体の一部は枯れても一部は
残り、年々成長を続ける草。

蝶形花冠（ちょうけいかかん）離弁花冠のうち、5片の
花弁が旗弁、翼弁、竜骨弁と分かれ形をチョウ
にたとえた花冠。マメ科の多くはこれ。**(p205)**

2年草（にねんそう）種子が発芽・成長し、開花・結実
して枯れるまでが満1年以上2、3年に及ぶもの。

閉鎖花（へいさか）花冠が発達しないか開かずに終わ
り、中で受粉して種子をつくる花。これに対し
普通に開く花を開放花という。

苞・苞葉（ほう・ほうよう）花の基部にある小型の葉。
花がつぼみの時はこれを包んでいることが多い。

雌しべ先熟（めしべせんじゅく）両性花で、雌しべが
先に現れ雄しべが後から現れる現象。同一の花
での受粉を避ける効果がある。雌性先熟（しせいせん
じゅく）ともいう。その逆が雄しべ先熟（雄性先熟：
ゆうせいせんじゅく）である。

離弁花冠（りべんかかん）花弁が互いに離れている花
冠。

鱗茎（りんけい）地下茎の一種。ごく短い茎に多肉の
葉が密に重なって着くもの。球根と呼ばれる多
くはこれである。

＊イネ科、カヤツリグサ科の花に関する用語は
p215、216参照。

雑草の生活型

オオバコとタンポポの生えているようすをくらべてみましょう。オオバコはオオバコ科、タンポポはキク科ですから類縁関係は近くありませんが、その姿はどちらもロゼット型でなんとなく似ています。葉は根ぎわから出る根生葉だけで、茎をのばして花をつけますが、この茎には葉はありません。よく踏まれる広場などでは、この形は生育につごうがいいと思われます。

ヒメジョオンやメマツヨイグサもロゼットで過ごす時期がありますが、やがて茎を高くのばし葉をつけます。この形の草の生えるところ(環境)はオオバコなどと少し違います。

生活型とは "形とくらし" のこと

植物を生育している形からいくつかの型(類型)に分けてみたものを生活型といいます。それには一定の基準が必要です。適切な基準を設けて類型化しようとすると、名前を知るのとはまた別の観察も必要になります。それだけ観察が深まります。

また群落を調査してそのデータを生活型の観点から整理してみると、群落と環境との関わりや群落の動きなどを考察することもできます。それによって自然のしくみに触れることができるのですが、具体的な方法は巻末にあげた参考図書などを参照してください。

生活型にはさまざまなものが考えられますが、ここでは日本原色雑草図鑑などでとりあげられたものを基本にし、さらに雑草向きに手直しをして類型化しました。

●休眠型 (休眠芽の位置による分類)

生活型の考え方はラウンケア(1907)に始まるといわれます。それは休眠芽の位置によって高木から草本、水生植物までを類型化したものですが、これがそのまま限られた地域の植生の判断に使えるものではありません。

本書は雑草を対象にしていますから、1年草か多年草か、1年草なら夏生か冬生か、多年草なら休眠芽の位置が地表か地中かなど、ラウンケアの生活型を参考にして類型を設けました。これを休眠型としています。

Ch	地表植物 Chamaephyte 休眠芽が地表 30cm 以下にあるもの 多年草		**Th**	1年生植物・夏生 Therophyte 冬を種子のみですごすもの 1年草	
H	半地中植物 Hemicryptophyte 休眠芽が地表面かすぐ下に あるもの 多年草		**Thw**	1年生植物・冬生 Therophyte (winter) 夏を種子のみですごすもの 越年草	
G	地中植物 Geophyte 休眠芽が地中にあるもの 多年草		**Th(b)**	2年生植物 Therophyte (biennial) 生活期間が満1年以上2,3年に およぶもの 2年草	

雑草の生活型

▲ロゼット型（r）　オオバコ（オオバコ科）

▲ロゼット型（r）　セイヨウタンポポ（キク科）

●生育型

　地上部の生育する形を類型化しました。沼田の生育型を雑草に有効なように一部変えたものです。雑草は多様でなかなか類型に収まりきれない面があります。また環境に応じて変化しやすく、類型も一様ではありません。そこにまた観察の妙味があります。

r
ロゼット型。葉は根生葉。地上茎は花茎のみ
Rosette form

r′
葉は根生の線形葉のみ

r-e
ロゼットから茎が直立する
Rosette - erect form

r-b
ロゼットから分枝型の茎がのびる
Rosette - branched form

e
直立型。茎が直立する。主軸がはっきりしている
Erect form

b
分枝型。根ぎわや茎の途中から多く枝を出す。主軸がはっきりしない
Branched form

t
叢生型。根ぎわから線形葉や茎がむらがって出る
Tussock form

ℓ
つる型。巻き付き、引っかかり、寄りかかりなど
Climbing or liane form

p
ほふく型。茎が地表をはい節から根を下ろす
Procumbent form

225

雑草の生活型

●地下器官型

茎が単立しているか、地下で連絡しているか、あるいは地表にほふく茎を出して連絡しているかを類型化したものです。

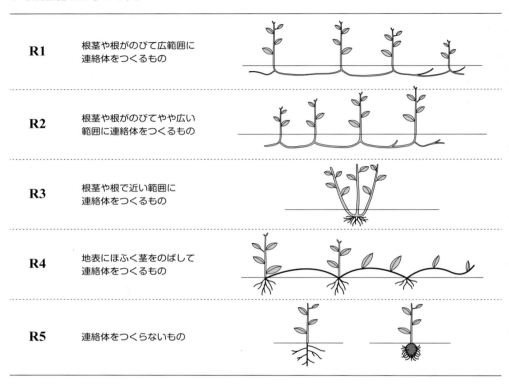

R1	根茎や根がのびて広範囲に連絡体をつくるもの
R2	根茎や根がのびてやや広い範囲に連絡体をつくるもの
R3	根茎や根で近い範囲に連絡体をつくるもの
R4	地表にほふく茎をのばして連絡体をつくるもの
R5	連絡体をつくらないもの

●散布型

種子や果実を散布するためどんなしくみをもっているかの類型です。広範囲に散布できるしくみをもつものや、特にそのしくみのないものなどいろいろあります。シダ植物は種子がありませんが、胞子が広く散布するとして扱いました。

- **D1** 風や水によって広範囲に散布するしくみをもつか、微細で散布されやすいもの
- **D2** 動物に付着したり食べられたりして散布されるしくみをもつもの
- **D3** 果実が裂開して種子を飛ばすしくみをもつもの
- **D4** とくに種子を散布するしくみをもたないもの
- **D5** 種子ができないもの

次ページ以降に、上記の生活型の類型によって本書で扱っている雑草の生活型一覧を示しました。この記号は私たちの判断によるおおよそのものであり、雑草はこの枠に当てはまらないこともしばしばです。観察によって自らの生活型を判断してください。

雑草の生活型

科 名	種 名	休眠型	生育型	地下器官型	散布型
トクサ科	スギナ	G	e	R1-2	D1
	イヌスギナ	G	e	R2-3	D1
	イヌドクサ	G	e	R2-3	D1
クワ科	クワクサ	Th	e	R5	D4
トウダイグサ科	エノキグサ	Th	e	R5	D4
タデ科	イタドリ	G	e	R2-3	D1,4
	オオイタドリ	G	e	R2-3	D1,4
	スイバ	H	r-e	R5	D4
	ヒメスイバ	H	r-e	R2-3	D4
	ナガバギシギシ	H	r-e	R5	D4
	ギシギシ	H	r-e	R5	D4
	エゾノギシギシ	H	r-e	R5	D4
	アレチギシギシ	H	r-e	R5	D4
	ミチヤナギ	Th	b	R5	D4
	イヌタデ	Th	b	R5	D4
	オオイヌタデ	Th	e	R5	D4
	オオケタデ	Th	e	R5	D4
	ツルドクダミ	G	ℓ	R5	D4
	ヒメツルソバ	H	b	R4	D4
ベンケイソウ科	コモチマンネングサ	Thw	b	R4	D4
	オカタイトゴメ	Thw	b	R4	D4
ナデシコ科	コハコベ	Thw,Th	b	R5	D4
	ミドリハコベ	Thw,Th	b	R5	D4
	ウシハコベ	Thw,Th	b	R5	D4
	イヌコハコベ	Th	b	R5	D4
	ノミノフスマ	Thw,Th	b	R5	D4
	ノミノツヅリ	Thw,Th	b	R5	D4
	オランダミミナグサ	Thw,Th	b	R5	D4
	ミミナグサ	Thw,Th	b	R5	D4
	ツメクサ	Th,Thw	b	R5	D4
スベリヒユ科	スベリヒユ	Th	b	R5	D4
ヤマゴボウ科	ヨウシュヤマゴボウ	G	e	R5	D2
ヒユ科	アリタソウ	Th	e,b	R5	D4
	ゴウシュウアリタソウ	Th	b	R5	D4
	シロザ	Th	e	R5	D4
	コアカザ	Th	b	R5	D4
	アカザ	Th	e	R5	D4
	ヒナタイノコズチ	H	e	R3	D2
	イノコズチ	H	e	R3	D2
	ホナガイヌビユ	Th	e,b	R5	D4
	ハリビユ	Th	e,b	R5	D4
	イヌビユ	Th	b	R5	D4
	ホソアオゲイトウ	Th	e	R5	D4
	アオゲイトウ	Th	e	R5	D4
アブラナ科	ナズナ	Thw	r-e	R5	D4
	シロイヌナズナ	Th	r-e	R5	D4
	イヌナズナ	Thw	r-e	R5	D4
	カラクサナズナ	Thw,Th	r-b	R5	D4
	ショカツサイ	Thw	r-e	R5	D4
	マメグンバイナズナ	Th,Thw	r-e	R5	D4
	グンバイナズナ	Thw	r-e	R5	D4
	タネツケバナ	Th,Thw	r-b	R5	D3
	ミチタネツケバナ	Th,Thw	r-b	R5	D3
	イヌガラシ	H	r-e	R5	D4
	スカシタゴボウ	Thw	r-e	R5	D4
	カキネガラシ	Th,Thw	r-e	R5	D4
	イヌカキネガラシ	Th,Thw	r-e	R5	D4
	カラシナ	Th,Thw	r-e	R5	D4
	セイヨウアブラナ	Th,Thw	r-e	R5	D4
	ハルザキヤマガラシ	Thw,H	r-e	R5	D4
ケシ科	ナガミヒナゲシ	Th,Thw	r-e	R5	D1,4
	タケニグサ	G	e	R5	D4
ドクダミ科	ドクダミ	G	e	R2-3	D4
バラ科	ヘビイチゴ	H	p	R4	D2,4

227

雑草の生活型

科 名	種 名	休眠型	生育型	地下器官型	散布型
バラ科	ヤブヘビイチゴ	H	p	R4	D2,4
マメ科	ヤハズソウ	Th	b	R5	D4
	マルバヤハズソウ	Th	b	R5	D4
	メドハギ	Ch	e,b	R5	D4
	ハイメドハギ	Ch	b	R5	D4
	ミヤコグサ	H	b	R5	D3
	セイヨウミヤコグサ	H	b	R5	D3
	コメツブツメクサ	Th	b	R5	D4
	クスダマツメクサ	Th	b	R5	D4
	シロツメクサ	Ch	p	R4	D4
	アカツメクサ	Ch,H	b	R3	D4
	カラスノエンドウ	Thw	b	R5	D3
	スズメノエンドウ	Thw	b	R5	D3
	カスマグサ	Thw	b	R5	D3
	ツルマメ	Th	ℓ	R5	D2,4
	ヤブマメ	Th	ℓ	R5	D2,4
	クズ	Ch,H	ℓ	R5,4	D4
	アレチヌスビトハギ	Th	e	R5	D2
	シナガワハギ	Th,Thw	e	R5	D4
	シロバナシナガワハギ	Th	e	R5	D4
	コメツブウマゴヤシ	Th,Thw	b	R5	D2
	ウマゴヤシ	Thw	b	R5	D2
	コウマゴヤシ	Thw	b	R5	D2
アサ科	カナムグラ	Th	ℓ	R5	D4
ブドウ科	ヤブガラシ	G	ℓ	R2-3	D5,2
トウダイグサ科	コニシキソウ	Th	b	R5	D4
	ニシキソウ	Th	b	R5	D4
	オオニシキソウ	Th	b	R5	D4
	シマニシキソウ	Th	b	R5	D4
	トウダイグサ	Thw,Th	e	R3	D4
コミカンソウ科	コミカンソウ	Th	e	R5	D4

科 名	種 名	休眠型	生育型	地下器官型	散布型
コミカンソウ科	ナガエコミカンソウ	Th,Ch	e,b	R3	D3
フウロソウ科	アメリカフウロ	Th,Thw	r-b	R5	D3
カタバミ科	イモカタバミ	H	r	R5	D5
	ムラサキカタバミ	H	r	R5	D5
	カタバミ	Ch	b-p	R4	D3
	アカカタバミ	Ch	b-p	R4	D3
	オッタチカタバミ	H	e,b	R3	D3
アカバナ科	メマツヨイグサ	Thw,Th(b)	r-e	R5	D4
	コマツヨイグサ	Thw,Ch	r-b	R5	D4
	オオマツヨイグサ	Th(b)	r-e	R5	D4
	マツヨイグサ	H,Th(b)	r-e	R5	D4
	ヒルザキツキミソウ	H	r-b	R5	D4
	ユウゲショウ	H,Thw	r-b	R3	D4
ウリ科	カラスウリ	G	ℓ	R3	D4
	アレチウリ	Th	ℓ	R5	D1,4
セリ科	マツバゼリ	Th	b	R5	D4
	ヤブジラミ	Thw	e	R5	D2
	オヤブジラミ	Thw	e	R5	D2
ウコギ科	チドメグサ	Ch	p	R4	D4
	オオチドメ	Ch	p	R4	D4
クマツヅラ科	ヤナギハナガサ	H	e	R3	D4
	ダキバアレチハナガサ	H	e	R3	D4
	アレチハナガサ	H	e	R3	D4
アカネ科	ヤエムグラ	Thw,Th	ℓ	R5	D2
	アカネ	G	ℓ	R3	D2
	オオフタバムグラ	Th	b	R3	D4
	ハナヤエムグラ	Th,Thw	b	R3	D4
サクラソウ科	コナスビ	H	b	R4	D4
	ルリハコベ	Th	b	R5	D4
アカネ科	ヘクソカズラ	Ch,H	ℓ	R3	D2,4
キョウチクトウ科	ガガイモ	G	ℓ	R2-3	D1

雑草の生活型

科名	種名	休眠型	生育型	地下器官型	散布型
ヒルガオ科	ヒルガオ	G	ℓ	R2-3	D5,4
	コヒルガオ	G	ℓ	R2-3	D5,4
	マメアサガオ	Th	ℓ	R5	D4
	ホシアサガオ	Th	ℓ	R5	D4
	マルバアサガオ	Th	ℓ	R5	D4
	マルバルコウ	Th	ℓ	R5	D4
	ノアサガオ	Ch	ℓ	R5	D4
	セイヨウヒルガオ	H	ℓ	R2-3	D4
シソ科	カキドオシ	H	b-p	R4	D4
	ヒメオドリコソウ	Thw,Th	b	R5	D4
	オドリコソウ	G	e	R3	D4
	ホトケノザ	Thw,Th	b	R5	D4
ナス科	イヌホオズキ	Th	b	R5	D2,4
	アメリカイヌホオズキ	Th	b	R5	D2,4
	ワルナスビ	G	e	R2-3	D2,4
サギゴケ科	トキワハゼ	Th,Thw	r-b	R5	D4
	ムラサキサギゴケ	H	r-b	R4	D4
ゴマノハグサ科	ビロードモウズイカ	Th(b)	r-e	R5	D4
オオバコ科	オオイヌノフグリ	Thw,Th	b	R5	D4
	イヌノフグリ	Thw	b	R5	D4
	タチイヌノフグリ	Th,Thw	b	R5	D4
	フラサバソウ	Th	b	R5	D4
	ムシクサ	Th	b	R5	D4
	コゴメイヌノフグリ	Thw	b	R5	D4
	マツバウンラン	Th,Thw	e	R5	D4
	ツタバウンラン	H	p	R4	D4
	オオバコ	H	r	R3	D2,4
	ヘラオオバコ	H	r	R3	D2,4
	ツボミオオバコ	Th	r	R5	D2,4
	エゾオオバコ	H	r	R5	D2,4
ムラサキ科	キュウリグサ	Thw	r-b	R5	D4
	ハナイバナ	Th,Thw	r-b	R5	D4

科名	種名	休眠型	生育型	地下器官型	散布型
キツネノマゴ科	キツネノマゴ	Th	b	R5,4	D4
スイカズラ科	ノジシャ	Thw,Th	b	R5	D4
キキョウ科	キキョウソウ	Th	r-e	R5	D1,4
	ヒナキキョウソウ	Th	r-e	R5	D1,4
キク科	ヨモギ	H,Ch	e	R2-3	D4
	ヤマヨモギ	H	e	R2-3	D4
	ブタクサ	Th	e	R5	D4
	オオブタクサ	Th	e	R5	D4
	オオオナモミ	Th	e	R5	D2,4
	イガオナモミ	Th	e	R5	D2,4
	オナモミ	Th	e	R5	D2,4
	ホウキギク	Th,Thw	e	R5	D1
	ヒロハホウキギク	Th,Thw	e	R5	D1
	トキンソウ	Th	b	R5	D4
	メリケントキンソウ	Thw	b	R5	D2
	タカサブロウ	Th	b	R5	D4
	アメリカタカサブロウ	Th	b	R5	D4
	ハキダメギク	Th	b	R5	D1
	ノコンギク	Ch	e	R3	D1
	カントウヨメナ	Ch	e	R3	D4
	ヨメナ	Ch	e	R3	D4
	アメリカセンダングサ	Th	e	R5	D2
	コセンダングサ	Th	e	R5	D2
	オオバナノセンダングサ	Th,Ch	e	R5	D2
	センダングサ	Th	e	R5	D2
	コバノセンダングサ	Th	e	R5	D2
	ベニバナボロギク	Th	e	R5	D1
	ダンドボロギク	Th	e	R5	D1
	ノボロギク	Thw,Th	e	R5	D1
	ナルトサワギク	H	b	R3	D1
	オオキンケイギク	H	r-e	R3	D4

雑草の生活型

科 名	種 名	休眠型	生育型	地下器官型	散布型
キク科	オオハンゴンソウ	G	e	R3	D4
	キクイモ	G	e	R3	D4
	ハルジオン	H,Th(b)	r-e	R3	D1
	ヒメジョオン	Thw Th(b)	r-e	R5	D1
	ヘラバヒメジョオン	Th(b)	r-e	R5	D1
	アレチノギク	Th,Thw	r-e	R5	D1
	オオアレチノギク	Thw Th(b)	r-e	R5	D1
	ヒメムカシヨモギ	Thw,Th	r-e	R5	D1
	ハハコグサ	Thw,Th	r-b	R5	D1
	チチコグサ	H	r-e	R4	D1
	ウラジロチチコグサ	Th(b) Thw	r-e	R5	D1
	チチコグサモドキ	Th	r-e	R5	D1
	タチチチコグサ	Th,Thw	e	R3	D1
	コウゾリナ	Thw	r-e	R5	D1
	ノゲシ	Thw,Th	r-e	R5	D1
	オニノゲシ	Thw	r-e	R5	D1
	アキノノゲシ	Thw	r-e	R5	D1
	トゲチシャ	Thw,Th	r-e	R5	D1
	セイタカアワダチソウ	H	r-e	R2-3	D1
	オオアワダチソウ	H	r-e	R3	D1
	ブタナ	H	r-e	R3	D1
	セイヨウタンポポ	H	r	R3	D1
	カントウタンポポ	H	r	R3	D1
	カンサイタンポポ	H	r	R3	D1
	トウカイタンポポ	H	r	R3	D1
	エゾタンポポ	H	r	R3	D1
	シロバナタンポポ	H	r	R3	D1
	コウリンタンポポ	H	r	R4	D1,4
	ジシバリ	Ch	p	R4	D1
	オオジシバリ	Ch	p	R4	D1

科 名	種 名	休眠型	生育型	地下器官型	散布型
キク科	オニタビラコ	Th,Thw	r-e	R5	D1
	ヤブタビラコ	Thw	r-b	R5	D1
	タビラコ（コオニタビラコ）	Thw	r	R5	D2,4
	コシカギク	Th	r-b	R5	D4
	マメカミツレ	Th	b	R5	D4
ユリ科	タカサゴユリ	G	e	R5	D1,4
キジカクシ科	ツルボ	G	r'	R3	D4
ヒガンバナ科	ノビル	G	r'	R3	D5
	ヒガンバナ	H	r'	R3	D5
アヤメ科	ニワゼキショウ	H	t	R5	D4
	オオニワゼキショウ	Thw Th	t	R5	D4
	ルリニワゼキショウ	Thw Th	t	R5	D4
ツユクサ科	ツユクサ	Th	b	R4	D4
	マルバツユクサ	Th	b	R4	D4
	トキワツユクサ	Ch	b	R4	D4
イグサ科	クサイ	H	t	R3	D2,4
	スズメノヤリ	H	t	R3	D4
イネ科	スズメノカタビラ	Thw,Th	t	R5	D4
	ツルスズメノカタビラ	Th	t	R3,4	D4
	オオスズメノカタビラ	H	t	R3	D4
	スズメノテッポウ	Thw	t	R5	D4
	ハルガヤ	H	t	R3	D4
	オヒシバ	Th	t	R5	D4
	メヒシバ	Th	t	R5,4	D4
	アキメヒシバ	Th	t	R5	D4
	コメヒシバ	Th	t	R4	D4
	エノコログサ	Th	t	R5	D4
	アキノエノコログサ	Th	t	R5	D4
	オオエノコロ	Th	t	R5	D4
	キンエノコロ	Th	t	R5	D4

雑草の生活型

科 名	種 名	休眠型	生育型	地下器官型	散布型
イネ科	イヌビエ	Th	t	R5	D4
	イヌムギ	H	t	R3	D4
	ヒゲナガスズメノチャヒキ	Th,Thw	t	R3	D4
	ネズミムギ	Thw	t	R5	D4
	ホソムギ	H	t	R5	D4
	カモジグサ	H	t	R3	D4
	ニワホコリ	Th	t	R5	D4
	コスズメガヤ	Th	t	R5	D4
	シナダレスズメガヤ	H	t	R3	D4
	オオクサキビ	Th	t	R5	D4
	カゼクサ	H	t	R3	D4
	チカラシバ	H	t	R3	D4
	ススキ	H,Ch	t	R3	D1
	オギ	H	e	R2-3	D1
	セイバンモロコシ	H	t	R3	D4
	チガヤ	H	t	R2-3	D1
	シバ	H	t-p	R2-3	D4
	ギョウギシバ	H,Ch	t-p	R4	D4
	カモガヤ	H	t	R3	D4
	オオアワガエリ	H	t	R3	D4
	ヒメコバンソウ	Th	t	R5	D4
	コバンソウ	Th	t	R5	D4
	シマスズメノヒエ	H	t	R3	D4
	アメリカスズメノヒエ	H	t	R3	D4
	キシュウスズメノヒエ	H	t	R2-3	D1,4
	オニウシノケグサ	H	t	R3	D4
	ヒロハウシノケグサ	H	t	R3	D4
	コヌカグサ	H	t	R3	D4
	ナギナタガヤ	Thw	t	R5	D4
	カラスムギ	Thw	t	R5	D4
	ムギクサ	Thw	t	R5	D4
	メリケンカルカヤ	H	t	R3	D1
	コブナグサ	Th	t	R5	D4

科 名	種 名	休眠型	生育型	地下器官型	散布型
カヤツリグサ科	カヤツリグサ	Th	t	R5	D4
	コゴメガヤツリ	Th	t	R5	D4
	ハマスゲ	G	t	R1-3	D4
	ヒメクグ	H	t	R3	D4
ラン科	ネジバナ	G	r'-e	R5	D1,4

■ 雑草の生活型を使った観察や調査の例 ■

雑草の生活型を取り入れた観察や調査の事例はいろいろあるが、「校庭の雑草(CD付)」にもいくつか記されている。

同書の"群落を数値化して成り立ちを考えよう"(p156)では、校庭の雑草群落を何か所か調査した結果を生活型によってまとめている。踏みつけ、草刈りといった人の作用が生活型組成(とくに生育型)によく反映していることがわかる。

"群落は動く"(p161)では、裸地をスタートとした10年間の群落を調査し、種類の変化だけでなく生活型によって整理しその面からの変化を見た。初めは1年草(Th)、越年草(Thw)などが大半を占めていたが、しだいに多年草(H,G,Ch)が増え、10年目にはこれらが大半を占めるという結果を示している。群落の遷移(移り変わり)の初期段階の体験である。

ここに掲載した一覧表は、本書に取り上げた雑草の生活型を著者の観察や文献などをもとにまとめたものである。読者のみなさんがそれぞれの目で観察すると、異なる結果が出るかもしれない。地域や環境、気候の変動などによっても変わることがあろう。それが雑草のもつ臨機応変さでもある。生活型を雑草と向き合う方法の一つと考えていただきたい。

私たちの観察も継続している。新たな知見も出てこよう。それらの情報についてはホームページなどで発信していく予定である。
(全農教ホームページ http://www.zennokyo.co.jp/ の本書紹介ページより閲覧可能)

学名索引

A
Acalypha australis ······················· 11
Achyranthes bidentata var.japonica ······· 34
　　　bidentata var.tomentosa ············· 34
Agrostis gigantea ······················ 191
Allium macrostemon ···················· 154
Alopecurus aequalis ···················· 163
Amaranthus blitum ····················· 35
　　　hybridus ························· 36
　　　retroflexus ······················ 36
　　　spinosus ························· 35
　　　viridis ·························· 35
Ambrosia artemisiifolia ················· 110
　　　trifida ························· 111
Amphicarpaea bracteata subsp.edgeworthii 58
Anagallis arvensis f.coerulea ············· 85
Andropogon virginicus ················· 193
Anthoxanthum odoratum subsp.odoratum ··164
Arabidopsis thaliana ··················· 38
Arenaria serpyllifolia var.serpyllifolia ····· 26
Artemisia indica var.maximowiczii ······· 108
　　　montana var.montana ············· 109
Arthraxon hispidus ···················· 193
Aster microcephalus var.ovatus ··········· 118
　　　yomena var.dentatus ············· 119
　　　yomena var.yomena ·············· 119
Avena fatua var.fatua ·················· 192

B
Barbarea vulgaris ····················· 45
Barnardia japonica var.japonica ·········· 153
Bidens bipinnata ······················ 122
　　　biternata var.biternata ············· 122
　　　frondosa ······················ 120
　　　pilosa var.pilosa ················· 121
　　　pilosa var.radiata ················· 121
Bothriospermum zeylanicum ············· 105
Brassica juncea ······················ 44
　　　napus ························· 44
Briza maxima ························ 187
　　　minor ························· 187
Bromus catharticus ···················· 172
　　　diandrus ······················ 173

C
Calystegia hederacea ·················· 88
　　　pubescens ····················· 88
Capsella bursa-pastoris var.triangularis ···· 37
Cardamine hirsuta ···················· 41
　　　scutata var.scutata ················ 41
Cayratia japonica ····················· 63
Centipeda minima ···················· 115

Cerastium fontanum subsp.vurgale var.
　　　angustifolium ··················· 27
　　　glomeratum ···················· 27
Chenopodium album var.album ········· 32
　　　album var.centrorubrum ··········· 33
　　　ficifolium ····················· 33
Commelina benghalensis ·············· 159
　　　communis var.communis ··········· 158
Convolvulus arvensis ················· 90
Conyza bonariensis ·················· 131
　　　canadensis ··················· 133
　　　sumatrensis ·················· 132
Coreopsis lanceolata ················· 125
Cotula australis ···················· 151
Crassocephalum crepidioides ··········· 123
Cyclospermum leptophyllum ··········· 78
Cymbaralia muralis ·················· 101
Cynodon dactylon var.dactylon ········· 185
Cyperus brevifolius var.leiolepis ········· 196
　　　iria ························· 194
　　　microiria ····················· 194
　　　rotundus var.rotundus ··········· 195

D
Dactylis glomerata ·················· 186
Desmodium paniculatum ·············· 60
Digitaria ciliaris ··················· 166
　　　radicosa var.radicosa ············· 167
　　　violascens var.violascens ··········· 167
Diodia teres ······················ 84
Draba nemorosa ···················· 38
Dysphania ambrosioides ··············· 31
　　　pumilio ······················ 31

E
Echinochloa crus-galli var.crus-galli ····· 171
Eclipta alba ······················· 116
　　　thermalis ···················· 116
Eleusine indica ···················· 165
Elymus tsukushiensis var.transiens ······ 175
Equisetum arvense ··················· 8
　　　palustre ······················ 9
　　　ramosissimum var.ramosissimum ······· 9
Eragrostis curvula ·················· 177
　　　ferruginea ···················· 178
　　　minor ······················· 176
　　　multicaulis ··················· 176
Erechtites hieraciifolius var.hieraciifolius ··123
Erigeron annuus ··················· 129
　　　philadelphicus ················· 128
　　　strigosus ····················· 130

Euchiton japonicus ·················· 134
Euphorbia helioscopia ··············· 66
   hirta var.*hirta* ················· 65
   humifusa ····················· 64
   maculata ····················· 64
   nutans ······················· 65

F *Fallopia japonica* var.*japonica* ··········· 12
   multiflora ···················· 22
   sachalinensis ················· 13
  Fatoua villosa ···················· 10

G *Galinsoga quadriradiata* ············· 117
  Galium spurium var.*echinospermon* ······· 82
  Gamochaeta calviceps ·············· 136
   coarctata ··················· 135
   pensylvanica ················· 136
  Geranium carolinianum ·············· 68
  Glechoma hederacea subsp.*grandis* ······· 91
  Glycine max var.*soja* ··············· 58

H *Helianthus tuberosus* ··············· 127
  Hordeum murinum subsp.*murinum* ······· 192
  Houttuynia cordata ················ 48
  Humulus scandens ················ 62
  Hydrocotyle ramiflora ··············· 80
   sibthorpioides ················ 80
  Hypochaeris radicata ··············· 144

I *Imperata cylindrica* ················ 183
   cylindrica var.*cylindrica* ··········· 183
   cylindrica var.*koenigii* ············ 183
  Ipomoea coccinea ················ 90
   indica ····················· 90
   lacunosa ···················· 89
   purpurea ···················· 90
   triloba ····················· 89
  Ixeris japonica ·················· 148
   stolonifera var.*stolonifera* ··········· 148

J *Juncus tenuis* ··················· 160
  Justicia procumbens var.*leucantha* f.*japonica* 106

K *Kummerowia stipulacea* ·············· 50
   striata ····················· 50

L *Lactuca serriola* ·················· 141
  Lamium amplexicaule ··············· 93
   purpureum ··················· 92
  Lapsanastrum apogonoides ············ 150
   humile ····················· 150
  Lepidium didymum ················ 39
   virginicum ··················· 40

Lespedeza cuneata var.*cuneata* ··········· 51
Lilium formosanum ·················· 152
Lolium multiflorum ·················· 174
   perenne ····················· 174
Lotus corniculatus var.*corniculatus* ········ 52
   corniculatus var.*japonicus* ··········· 52
Luzula capitata ··················· 161
Lycoris radiata var.*radiata* ············· 155
Lysimachia japonica var.*japonica* ·········· 85

M *Macleaya cordata* ················ 47
  Matricaria matricarioides ············· 151
  Mazus miquelii ·················· 96
   pumilus ····················· 96
  Medicago lupulina var.*lupulina* ·········· 61
   minima ····················· 61
   polymorpha var.*polymorpha* ··········· 61
  Melilotus officinalis subsp.*suaveolens* ······· 60
  Metaplexis japonica ··············· 87
  Miscanthus sacchariflorus ············· 181
   sinensis ···················· 180

N *Nuttallanthus canadensis* ············· 101

O *Oenothera biennis* ················ 72
   glazioviana ··················· 74
   laciniata ···················· 73
   rosea ······················· 75
   speciosa var.*speciosa* ············· 75
   stricta ······················ 74
  Orychophragmus violaceus var.*violaceus* ·· 39
  Oxalis articulata ················· 69
   corniculata f.*rubrifolia* ············ 71
   corniculata var.*villosa* ············· 71
   debilis subsp.*corymbosa* ············ 69
   dillenii ····················· 70

P *Paederia foetida* ················· 86
  Panicum dichotomiflorum ············· 177
  Papaver dubium ················· 46
  Paspalum dilatatum ················ 188
   distichum var.*distichum* ············ 189
   notatum ····················· 189
  Pennisetum alopecuroides ············· 179
  Persicaria capitata ················ 22
   lapathifolia var.*lapathifolia* ·········· 21
   longiseta ···················· 20
   orientalis ···················· 21
  Phleum pratense ················· 186
  Phyllanthus lepidocarpus ············· 67
   tenellus ····················· 67
  Phytolacca americana ··············· 30
  Pieris hieracioides var.*japonica* ·········· 137

Pilosella aurantiaca ···················147
Plantago asiatica ·····················102
    camtschatica ·····················104
    lanceolata ························103
    virginica ·························104
Poa annua var.*annua* ················162
    annua var.*reptans* ···············162
    trivialis subsp.*trivialis* ············164
Polygonum aviculare subsp.*aviculare* ······ 19
Portulaca oleracea ··················· 29
Potentilla hebiichigo ················· 49
    indica ··························· 49
Pseudognaphalium affine ·············134
Pterocypsela indica ··················140
Pueraria lobata subsp.*lobata* ·········· 59

R *Rorippa indica* ······················ 42
    palustris ························· 42
Rubia argyi ························· 83
Rudbeckia laciniata ··················126
Rumex acetosa ······················ 14
    acetosella ······················· 15
    conglomeratus ···················· 18
    crispus ·························· 16
    obtusifolius ······················ 17

S *Schedonorus arundinaceus* ············190
    pratensis ························190
Sedum bulbiferum ···················· 23
    sp. ······························· 23
Segina japonica ····················· 28
Senecio madagascariensis ·············125
    vulgaris ·························124
Setaria faberi ······················169
    pumila ··························170
    viridis ···························168
    × *pycnocoma* ····················169
Sherardia arvensis ··················· 84
Sicyos angulatus ···················· 77
Sisymbrium officinale ················· 43
    orientale ························· 43
Sisyrinchium angustifoliun ·············157
    rosulatum ·······················156
    sp. ······························157
Solanum carolinense ················· 95
    nigrum ·························· 94
    ptychanthum ····················· 94
Solidago altissima ···················142
    gigantea subsp.*serotina* ···········143
Soliva sessilis ······················115
Sonchus asper ······················139

    oleraceus ························138
Sorghum halepense ··················182
Spiranthes sinensis var.*amoena* ··········197
Stellaria aquatica ···················· 25
    media ···························· 24
    neglecta ·························· 24
    pallida ··························· 25
    uliginosa var.*undulata* ············ 26
Symphyotrichum subulatum var.*squamatum* 114
    subulatum var.*subulatum* ···········114

T *Taraxacum albidum* ··················147
    japonicum ·······················146
    officinale ·······················145
    platycarpum f.*longeappendiculatum* ····146
    platycarpum subsp.*platycarpum* ······146
    venustum ·······················147
Thlaspi arvense ····················· 40
Torilis japonica ····················· 79
    scabra ··························· 79
Tradescantia flumiensis ···············159
Trichosanthes cucumeroides ············ 76
Trifolium campestre ·················· 53
    dubium ·························· 53
    pratense ·························· 55
    repens ··························· 54
Trigonotis peduncularis ···············105
Triodanis biflora ····················107
    perfoliata ·······················107

V *Valerianella locusta* ··················106
Verbascum thapsus ··················· 97
Verbena bonariensis ·················· 81
    incompta ························· 81
Veronica arvensis ··················· 99
    cymbalaria ·······················100
    hederifolia ······················· 99
    peregrina ························100
    persica ·························· 98
Vicia hirsuta ······················· 57
    sativa var.*segetalis* ··············· 56
    tetrasperma ······················ 57
Vulpia myuros var.*myuros* ·············191

X,Y,Z
Xanthium italicum ···················113
    occidentale ·······················112
    strumarium ······················113
Youngia japonica ····················149
Zoysia japonica ·····················184

和名索引
（太字は主な解説ページ）

ア

アイイロニワゼキショウ ･････････････ 157
アイノゲシ ････････････････････････ 139
アオオニタビラコ ････････････････ 149
アオカモジグサ ･･･････････････････ 175
アオゲイトウ ･･････････････････････ **36**
アオスズメノカタビラ ･･･････････ **162**
アオビユ ････････････････････････ **35**
アカオニタビラコ ････････････････ 149
アカカタバミ ････････････････････ **71**
アカザ ････････････････････････ **33**
アカザ科 ････････････････････････ 202
アカツメクサ ･･････････････ **55**, 205
アカネ ････････････････････ **83**, 208
アカネ科 ･･････････････ 82-84, 86, **208**
アカバナ ････････････････････････ 207
アカバナルリハコベ ･･････････････ 85
アカバナ科 ･･････････ 72-75, **207**
アカマンマ ･･･････････････････････ 20
アカミタンポポ ･･･････････････････ 145
アキノエノコログサ ･･････････････ **169**
アキノノゲシ ･･････････････････････ **140**
アキメヒシバ ･･････････････････････ **167**
アサ科 ････････････････････････ 62
アブラナ科 ･･････････ 37-45, **204**
アマナ ････････････････････････ 213
アミガサソウ ･･･････････････････ 11
アメリカイヌホオズキ ･･････ **94**, 209
アメリカスズメノヒエ ････････ **189**
アメリカセンダングサ ･･･････ **120**
アメリカカサブロウ ･･････････ **116**
アメリカフウロ ･･･････････････ **68**
アメリカヤマゴボウ ･･･････････ 30
アヤメ ････････････････････････ 214
アヤメ科 ･･････････ 156, 157, **214**
アリタソウ ･･････････････ **31**, 202
アレチウリ ････････････････････ **77**
アレチギシギシ ･･･････････････ **18**
アレチヌスビトハギ ･･････ **60**, 78
アレチノギク ･･･････････････ **131**
アレチハナガサ ･･･････････････ 81
アレチマツヨイグサ ･･････････ 72
アワユキセンダングサ ･･･････ 121

イ

イ（イグサ） ････････････････ 160
イガオナモミ ･･････････ 78, **113**
イグサ科 ･･････ 160, 161, **213**
イタドリ ･･････････････････ **12**
イタリアンライグラス ･･････ 174
イヌカキネガラシ ･･･････････ **43**
イヌガラシ ･･････････････ **42**
イヌキクイモ ･･････････････ 127
イヌコハコベ ･･････････････ **25**
イヌスギナ ･･･････････････ **9**
イヌタデ ････････････････ **20**
イヌドクサ ････････････････ **9**
イヌナズナ ･･･････････････ 38

イヌノフグリ ･･････････････････ 98
イヌノフグリ類 ･･･････････････ 211
イヌビエ ････････････････････ **171**
イヌビユ ････････････････････ **35**
イヌホオズキ ･･････････ **94**, 209
イヌムギ ･･･････ **172**, 173, 215
イネ科 ･･････････ 162-193, **215**
イノコヅチ ･･････････････････ **34**
イノコズチ類 ･･･････････････ 203
イモカタバミ ･･･････････････ **69**
イワニガナ ･････････････････ 148
インチンナズナ ･･････････････ 39

ウ

ウィーピングラブグラス ･･･････ 177
ウコギ科 ･･･････････････････ 80
ウシハコベ ･･･････････ **25**, 201
ウスアカカタバミ ･･･････････ 71
ウマゴヤシ ･････････････････ **61**
ウラジロチチコグサ ･･･････ **135**
ウリ科 ･･･････････････ 76-77

エ

エゾオオバコ ････････････････ **104**
エゾタンポポ ･･････････ **147**, 212
エゾノギシギシ ･･････････････ **17**
エゾヨモギ ･･････････････････ **109**
エノキグサ ･･････････････････ **11**
エノコログサ ･･･････････････ **168**

オ

オオアレチノギク ･･･････････ **132**
オオアワガエリ ･･･････････････ **186**
オオアワダチソウ ･･･････････ **143**
オオイタドリ ･･････････････ **13**
オオイヌタデ ･･････････ **21**, 200
オオイヌノフグリ ･･････ **98**, 211
オオエノコロ ･･･････････････ **169**
オオオナモミ ･･････････ **112**, 113
オオキンケイギク ･･･････････ **125**
オオクサキビ ･･････････････ **177**
オオケタデ ･･･････････････ **21**
オオジシバリ ･･････････････ 148
オオスズメノカタビラ ･･････ **164**, 215
オオチドメ ･･･････････････ **80**
オーチャードグラス ･･･････ 186
オオニシキソウ ･･･････････ **65**
オオニワゼキショウ ･･････ **157**, 214
オオバコ ･･････････ **102**, 103, 211
オオバコ類 ･･････････････ 211
オオバコ科 ･･････････ 98-104, **211**
オオバナノセンダングサ ･･････ **121**
オオハンゴンソウ ･･････････ **126**
オオブタクサ ･･････････････ **111**
オオフタバムグラ ･･･････････ **84**
オオホウキギク ･･･････････ 114
オオマツヨイグサ ･･････ **74**, 207
オオヨモギ ･･････････････ **109**
オカタイトゴメ ･･････････ **23**

オギ	···························	**181**
オッタチカタバミ	···············	**70**, 206
オドリコソウ	···················	92
オナモミ	·····················	**113**
オニウシノケグサ	··············	**190**
オニタビラコ	···················	**149**
オニノゲシ	·····················	**139**
オヒシバ	··················	**165**, 215
オヤブジラミ	·············	78, **79**, 207
オランダミミナグサ	·············	27
オロシャギク	···················	151

カ	ガガイモ	···················	**87**
	カキドオシ	···················	**91**
	カキネガラシ	·················	**43**
	カスマグサ	···················	**57**
	カゼクサ	·····················	**178**
	カタバミ	··················	**71**, 206
	カタバミ科	············	69-71, **206**
	カナムグラ	···················	**62**
	カモガヤ	·····················	**186**
	カモジグサ	···················	**175**
	カヤ	························	180
	カヤツリグサ	···············	**194**, 216
	カヤツリグサ類	················	216
	カヤツリグサ科	·········	194-196, **216**
	カラクサガラシ	················	39
	カラクサナズナ	················	**39**
	カラシナ	··················	**44**, 204
	カラスウリ	···················	**76**
	カラスノエンドウ	············	**56**, 205
	カラスムギ	···················	**192**
	カワラナデシコ	················	201
	カンサイタンポポ	··············	**146**
	カントウタンポポ	··············	**146**
	カントウヨメナ	················	**119**

キ	キキョウソウ	···················	**107**
	キキョウ科	···················	107
	キクイモ	················	**127**, 212
	キク科	··············	108-151, **212**
	ギシギシ	·····················	16
	ギシギシ類	···················	**200**
	キシュウスズメノヒエ	·············	**189**
	キツネノマゴ	················	**106**, 210
	キツネノマゴ科	············	**106**, **210**
	キュウリグサ	···················	**105**
	ギョウギシバ	···············	**185**, 215
	キョウチクトウ科	··············	87
	キンエノコロ	···················	**170**

ク	クサイ	·················	**160**, 213
	クズ	······················	**59**
	クスダマツメクサ	··············	**53**
	クマツヅラ科	···················	81
	クローバ	·····················	54
	クワクサ	·····················	**10**
	クワモドキ	···················	111
	クワ科	······················	10
	グンバイナズナ	················	**40**

ケ	ケアリタソウ	···················	31
	ケイヌビエ	···················	**171**
	ケシ科	·····················	46, 47
	ケナシチガヤ	···················	183

コ	コアカザ	·················	**33**, 202
	ゴウシュウアリタソウ	···········	**31**
	コウゾリナ	···················	**137**
	コウブシ	·····················	**195**
	コウマゴヤシ	···················	**61**
	コウリンタンポポ	··············	**147**
	コオニタビラコ	················	**150**
	コゴメイヌノフグリ	·············	**100**
	コゴメガヤツリ	···············	**194**, 216
	コシカギク	···················	**151**
	コシロノセンダングサ	············	121
	コスズメガヤ	···················	**176**
	コセンダングサ	·············	**121**, 212
	コツブキンエノコロ	·············	170
	コナスビ	·····················	**85**
	コニシキソウ	················	**64**, 206
	コヌカグサ	···················	**191**
	コハコベ	···················	**24**, 25
	コパノセンダングサ	·············	**122**
	コバンソウ	···················	**187**
	コヒルガオ	·············	**88**, 89, 209
	コブナグサ	···················	**193**
	コマツヨイグサ	················	**73**
	ゴマノハグサ科	············	97, 211
	コミカンソウ	···················	**67**
	コミカンソウ科	················	67
	コメツブウマゴヤシ	·············	**61**
	コメツブツメクサ	··············	**53**
	コメヒシバ	···················	**167**
	コモチマンネングサ	·············	**23**

サ	サオトメカズラ	················	86
	サギゴケ	·····················	**96**
	サギゴケ科	···················	96
	サクラソウ科	···················	85

シ	ジシバリ	·····················	**148**
	シソ科	··············	91-93, **210**
	シナガワハギ	···················	**60**
	シナダレスズメガヤ	·············	**177**
	シバ	······················	**184**
	シマスズメノヒエ	··············	**188**
	シマニシキソウ	················	**65**
	ショカツサイ	···················	**39**
	シロイヌナズナ	················	**38**
	シロザ	·················	**32**, 33, 202
	シロザ・アカザ類	··············	202
	シロツメクサ	················	**54**, 205
	シロバナシナガワハギ	············	60
	シロバナセンダングサ	············	121
	シロバナタンポポ	··············	**147**

ス	スイカズラ科	···················	106
	スイバ	·····················	**14**
	スカシタゴボウ	···············	**42**, 204

236

スカンポ ･･････････････････････ **12**, 14
スギナ ･･････････････････････････ **8**
スゲ類 ････････････････････････ 216
ススキ ････････････････････････ **180**
スズメノエンドウ ････････････････ **57**
スズメノカタビラ ････････････････ **162**
スズメノテッポウ ･･････････ **163**, 215
スズメノヤリ ････････････････････ **161**
スベリヒユ ････････････････････ **29**
スベリヒユ科 ･･･････････････････ 29

セ セイタカアワダチソウ ･･･････ **142**, 143
セイバンモロコシ ････････････････ **182**
セイヨウアブラナ ････････････････ **44**
セイヨウカラシナ ････････････････ 44
セイヨウタンポポ ･･････････ **145**, 212
セイヨウヒルガオ ････････････････ **90**
セイヨウミヤコグサ ･･････････････ **52**
セリ ･･････････････････････････ 207
セリ科 ･･･････････････････ 78, 79, **207**
センダングサ ････････････････････ **122**

タ タカサゴユリ ･･････････････ **152**, 213
タカサブロウ ････････････････････ **116**
ダキバアレチハナガサ ･･･････････ **81**
タケニグサ ････････････････････ **47**
タチイヌノフグリ ･･････････ **99**, 211
タチチチコグサ ･･････････････････ **136**
タデ類 ･･････････････････････････ **200**
タデ科 ･･･････････････････ 12-22, **200**
タネツケバナ ････････････････････ **41**
タビラコ ････････････････････････ **150**
ダンダンギキョウ ･･･････････････ 107
ダンドボロギク ･･････････････････ **123**
タンポポ ･････････････････ 145, 146
タンポポモドキ ･････････････････ 144

チ チガヤ ････････････････････････ **183**
チカラシバ ････････････････････ **179**
チチコグサ ････････････････････ **134**
チチコグサモドキ ･･････････････ **136**
チドメグサ ･･････････････････････ **80**
チモシー ･･････････････････････ 186
チャンパギク ･･････････････････ 47

ツ ツクシ ･･･････････････････････････ 8
ツタバウンラン ･････････････････ **101**
ツボミオオバコ ･････････････････ **104**
ツメクサ ･･････････････････････ **28**
ツユクサ ･････････････････ **158**, 214
ツユクサ科 ･･････････････ 158, 159, **214**
ツルスズメノカタビラ ･･･････････ **162**
ツルドクダミ ･･･････････････････ **22**
ツルボ ･･････････････････････････ **153**
ツルマメ ･････････････････････ **58**

ト トウカイタンポポ ･･･････････････ **146**
トウダイグサ ･･････････････ **66**, 206
トウダイグサ科 ･････････････ 11, 64-66, **206**
トールフェスク ･･････････････････ 190

トキワツユクサ ･･･････････････ **159**
トキワハゼ ･･････････････････････ **96**
トキンソウ ･･････････････････････ **115**
トクサ科 ･････････････････････ 8, 9
ドクダミ ･･････････････････････ **48**
ドクダミ科 ････････････････････ 48
トゲヂシャ ･･････････････････････ **141**

ナ ナガエコミカンソウ ･･･････････ **67**
ナガバギシギシ ･･･････････ **16**, 200
ナガミヒナゲシ ･･････････････････ **46**
ナギナタガヤ ･･･････････････････ **191**
ナズナ ･･･････････････････ **37**, 204
ナス科 ･･････････････････ 94-95, **209**
ナデシコ科 ･･･････････ 24-28, **201**
ナルトサワギク ･････････････････ **125**

二、ヌ、ネ
ニシキソウ ･････････････････････ **64**
ニワゼキショウ ･･･････････ **156**, 214
ニワホコリ ････････････････････ **176**
ニワヤナギ ････････････････････ 19
ヌスビトハギ ･･･････････････････ 60
ネコジャラシ ･･･････････････････ 168
ネジバナ ･･････････････････････ **197**
ネズミムギ ･････････････････ **174**, 215

ノ ノアサガオ ･･･････････････････ **90**
ノウルシ ････････････････････････ 206
ノゲシ ････････････････････････ **138**
ノコンギク ････････････････････ **118**
ノシバ ･･････････････････････････ 184
ノヂシャ ･･････････････････････ **106**
ノハカタカラクサ ･･････････････ 159
ノハラスズメノテッポウ ･････････ 163
ノビル ････････････････････････ **154**
ノボロギク ････････････････････ **124**
ノミノツヅリ ･･･････････････････ **26**
ノミノフスマ ･･･････････････････ **26**

ハ ハイメドハギ ･･････････････････ 51
ハキダメギク ･･････････････････ **117**
ハコベ ･･････････････････････････ 24
ハナイバナ ････････････････････ **105**
ハナダイコン ･･･････････････････ 39
ハナナ ････････････････････････ 204
ハナヤエムグラ ･････････････････ **84**
ハハコグサ ････････････････････ **134**
バヒアグラス ･･･････････････････ 189
ハマスゲ ･･････････････････････ **195**
バミューダグラス ･･････････････ 185
バラ科 ････････････････････････ 49
ハリビユ ･･････････････････････ **35**
ハルガヤ ･･････････････････････ **164**
ハルザキヤマガラシ ･･･････････ **45**
ハルジオン ･･･････････････ **128**, 212
ハルノノゲシ ･･･････････････････ **138**
ハンゴンソウ ･･･････････････････ 126

237

ヒ	ヒカゲイノコズチ	34
	ヒガンバナ	155
	ヒガンバナ科	154, 155
	ヒゲナガスズメノチャヒキ	173
	ヒナキキョウソウ	107
	ヒナタイノコズチ	34, 203
	ヒメイヌビエ	171
	ヒメオドリコソウ	92, 210
	ヒメクグ	196
	ヒメコバンソウ	187
	ヒメジョオン	129, 130
	ヒメスイバ	15
	ヒメツルソバ	22
	ヒメムカシヨモギ	133
	ヒメモロコシ	182
	ヒユ類	203
	ヒユ科	31-36, 202, 203
	ヒルガオ	88, 89, 209
	ヒルガオ科	88-90, 209
	ヒルザキツキミソウ	75
	ビロードモウズイカ	97
	ヒロハウシノケグサ	190
	ヒロハタンポポ	146
	ヒロハホウキギク	114

フ	フウロソウ科	68
	フシゲチガヤ	183
	ブタクサ	110
	ブタナ	144
	ブドウ科	63
	フラサバソウ	99
	ブラジルコミカンソウ	67

ヘ	ヘクソカズラ	86, 208
	ベニバナボロギク	123
	ヘビイチゴ	49
	ヘラオオバコ	103
	ヘラバヒメジョオン	130
	ペレニアルライグラス	174
	ベンケイソウ科	23
	ペンペングサ	37

ホ	ホウキギク	114
	ホウコグサ	134
	ホシアサガオ	89
	ホソアオゲイトウ	36
	ホソバアキノノゲシ	140
	ホソムギ	174
	ホトケノザ	93, 150, 210
	ホナガイヌビユ	35, 203

マ	マツバウンラン	101
	マツバゼリ	78
	マツヨイグサ	74
	マメアサガオ	89
	マメカミツレ	151
	マメグンバイナズナ	40
	マメ科	50-61, 205

マルバアサガオ	90
マルバツユクサ	159
マルバトゲヂシャ	141
マルバヤハズソウ	50, 205
マルバルコウ	90
マンジュシャゲ	155

ミ	ミチタネツケバナ	41
	ミチヤナギ	19
	ミドリハコベ	24, 25, 201
	ミミナグサ	27
	ミヤコグサ	52

ム	ムギクサ	192
	ムシクサ	100
	ムラサキカタバミ	69
	ムラサキサギゴケ	96
	ムラサキツメクサ	55
	ムラサキハナナ	39
	ムラサキ科	105

メ、モ

メドウフェスク	190
メドハギ	51
メヒシバ	166
メマツヨイグサ	72, 207
メリケンカルカヤ	193
メリケントキンソウ	115
モジズリ	197
モトタカサブロウ	116

ヤ、ユ、ヨ

ヤイトバナ	86
ヤエムグラ	82, 208
ヤナギタデ	20
ヤナギハナガサ	81
ヤハズソウ	50
ヤハズノエンドウ	56
ヤブガラシ	63
ヤブジラミ	79
ヤブタビラコ	150
ヤブヘビイチゴ	49
ヤブマメ	58
ヤマゴボウ科	30
ヤマヨモギ	109
ユウゲショウ	75
ユリ科	152, 213
ヨウシュヤマゴボウ	30
ヨメナ	119
ヨモギ	108, 109

ラ、ル、レ、ワ

ラン科	197
ルリニワゼキショウ	157
ルリハコベ	85
レッドトップ	191
ワルナスビ	95

参考にした本・参考になる本

●雑草一般

牧野富太郎「牧野新日本植物図鑑」（北隆館）

佐竹義輔ほか「日本の野生植物」草本Ⅰ・Ⅱ・Ⅲ（平凡社）

岩瀬徹・川名興・飯島和子「校庭の雑草（CD付）」（全国農村教育協会）

岩瀬徹・川名興・飯島和子「新・雑草博士入門」（全国農村教育協会）

清水矩宏・森田弘彦・廣田伸七「日本帰化植物写真図鑑」（全国農村教育協会）

植村修二ほか「増補改訂 日本帰化植物写真図鑑第2巻」（全国農村教育協会）

廣田伸七「ミニ雑草図鑑」（全国農村教育協会）

浅井元朗「植調雑草大鑑」（全国農村教育協会）

清水建美 編「日本の帰化植物」（平凡社）

長田武正「検索入門 野草図鑑」①－⑧（保育社）

長田武正「日本イネ科植物図譜」（平凡社）

林弥栄 監修「野に咲く花」（山と渓谷社）

●植物用語・語源について

清水建美「図説 植物用語事典」（八坂書房）

岩瀬徹・大野啓一「写真で見る植物用語」（全国農村教育協会）

深津正「植物和名の語源探究」（八坂書房）

●野外調査の方法や生活型について

岩瀬徹・川名興・飯島和子「校庭の雑草（CD付）」（全国農村教育協会）

沼田眞 編「植物生態の観察と研究」（東海大学出版会）

沼田眞・吉沢長人 編「日本原色雑草図鑑」（全国農村教育協会）

岩瀬徹「植物の生活型の話」（全国農村教育協会）

●学名・分類について

邑田仁 監修・米倉浩司「日本維管束植物目録」（北隆館, 2012）

協力者 （敬称略）

■内容についての助言や写真・資料の提供など

　植村修二、川上清、川名興、久保田三栄子、島袋守成、曽根原正好、豊原稔、
　長谷部光泰、水田光雄、森本桂

■制作スタッフ

　明昌堂（本文DTP）

　井出陽子、大野透、鈴木奈美子、高井幹夫、田口千珠子（以上全国農村教育協会）

著者紹介

岩瀬 徹
（いわせとおる）

1928年 千葉県生まれ
元 千葉県立千葉高等学校教諭
NPO法人自然観察大学名誉学長
"雑草も地域の生態系をになう一員である、雑草と賢明なつき合いをしよう"という立場から野外観察の方法を考えその普及に努めてきた

■主な著書
図説日本の植生（講談社学術文庫、共著）
雑草のくらしから自然を見る（文一総合出版）
校庭の雑草、校庭の樹木など校庭シリーズ
（全国農村教育協会、共著）
その他参考図書の項を参照

飯島和子
（いいじまかずこ）

1951年 茨城県生まれ
秀明大学非常勤講師
NPO法人自然観察大学講師
大学で先生の卵たちと野外観察を楽しむ一方で、田舎暮らしを始めて7年、先住者である動植物と共に生活しながら、自然と共生できる農業を目指している

■主な著書
校庭の雑草（全国農村教育協会、共著）
新・雑草博士入門（全国農村教育協会、共著）
イネ・米・ごはん（全国農村教育協会、共著）
自然を楽しむ 自然と遊ぶ（文芸社）

本書に関するご意見、ご感想をお聞かせください。"こんな本がほしい"などの小社出版に関するご要望もお待ちしております。詳しくは小社ホームページをご覧ください。
種名などの掲載内容につきましては誤りのないように細心の注意を払っておりますが、万一ミスがあった場合は、ホームページの当該書籍の項に最新の正誤表を掲載しております。お手数ですが適宜チェックいただきますようお願いいたします。
全農教ホームページ　http://www.zennokyo.co.jp　または「全農教」で検索

野外観察ハンドブック
新版 形とくらしの雑草図鑑 見分ける、身近な300種

定価はカバーに表示してあります。
2007年10月10日　初版　第1刷発行
2016年5月20日　新版　第1刷発行

著　　者／岩瀬　徹
　　　　　飯島　和子
発　行　所／株式会社全国農村教育協会
東京都台東区台東1-26-6（植調会館）〒110-0016
電話 03（3833）1821（代表）　　Fax03（3833）1665
HP http://www.zennokyo.co.jp
E-mail : hon@zennokyo.co.jp
製版・印刷／新村印刷株式会社

© 2016 by T. Iwase, K. Iijima and Zenkoku Noson Kyoiku Kyokai Co., Ltd.
ISBN978-4-88137-190-9　C0645

乱丁、落丁本はお取替えいたします。
本書の無断転載、無断複写（コピー）は著作権法上の例外を除き、禁じられています。